JN001284

企業が求めるデジタルスキル資格

データサイエンス数学ストラテジスト

中級 公式問題集

公益財団法人
日本数学検定協会 著

日経BP

データ駆動社会では
「数」の背景に目配りすることが大事

現代社会ではデジタルトランスフォーメーション（DX）やSociety5.0 など，IT（Information Technology）技術を活用した変革が求められています。その基本は，データ駆動型社会であり，理系だけでなく，文系においてもデータサイエンスの素養が必要とされています。

何かことを始めるときに重要なのは，根拠の確かな事実（fact）に基づき，現状を整理することです。そして，基本は数値データを出発点とすることです。数値に勝る詭弁などないからです。百の言葉で粉飾を企図しても，数値データによって退治できます。

数値データ

誰かが「今日は寒いですね」と言ったとしましょう。しかし，「寒い」「暑い」は人によって感じ方が違います。「今日の気温は18℃です」と数値データを示せば，万人に共通の指標となります。これならば明確です。

企業や組織のプロジェクトにおいて何かを決断する際にも，思い込みではなく，数値データを基礎に置くことが重要です。データサイエンスの第一歩はデータの数値化です。そして，普段から「数」を意識することも大切です。

データを吟味する力

ただし，もう一歩深めるのであれば，数値データの正当性を確かめることも重要です。誰かが，「18℃という温度表示がおかしいのでは」と疑問を口にするかもしれません。

プロジェクトで使う数値は，確かな根拠に基づくものでなければなりません。よって，温度表示の数値がずれている可能性にも目を向ける必要があるのです。「数」に支配されるのではなく，「数」を常に吟味する姿勢もデータ管理には必要です。

ある企業の研究所で，実験データが過去のものと大きく異なるという事態が発生しました。製品開発にも影響します。1か月調査して分かったのが，電気炉の温度設定が10℃も異なっていたという事実です。温度計の較正が狂っていたのです。このように，計器の数値をまるのみしないこと，つまり「数を絶対視しない」という姿勢も必要です。そのためには，普段から「数」に触れることも大切です。

　また，これは政府機関の依頼で動向調査をしているシンクタンクのミーティングでのことです。予想通りの結果が出たとメンバーが安堵していたところ，参加者から疑問が寄せられました。調査結果の表にある人数の総数が，調査した人数と合っていないという指摘です。高度な分析ソフトを使っており，問題はないはずだと分析メンバーは主張しました。しかし，人数が合っていないことは確かです。

　再度調べた結果，データ解析の過程で「÷3」という操作が入っていたことが原因と分かったのです。人間は「1/3」という分数を簡単に扱い，$3 \times (1/3) = 1$ と計算できますが，コンピューターでは$3 \times 0.333... = 0.999...$という計算をします。この端数がめぐりめぐって人数の誤差へとつながっていたのです。これに気づかずに，そのまま調査結果を報告していたら，調査人数と報告人数の違いを指摘され，このシンクタンクは信用を失っていたかもしれません。

　このように「数値データ」はとても大切ですが，データをうのみにするのではなく，それを吟味する力も必要です。このためには，高等数学が必要でしょうか。実はそうではありません。技能としては，四則計算で十分です。むしろ，普段から「数」に親しむことが重要です。いまのデータ駆動型社会に求められる人材は，このように「数」の背景に目配りができる存在です。高度な解析ソフトを使って出した結果だから「間違いがあるはずはない」と主張する人はデータサイエンティストとして不合格です。

自分で数値を扱う

　次のステップは，自分で数値データを取り扱ってみることです。この処理も，手計算でも十分です。もちろん，電卓やMicrosoft Excel® などの身近な表計算ソフトを使ってみるのも一案です。そして，いろいろな事例に向き合い，数の計算になれることが重要なのです。

　実例で考えてみましょう。ある2つのクラスの生徒たちが10点満点のテストを受け，

その評価をすることになりました。点数の平均を計算してみると,同じ6となりました。それならば,両クラスの成績に差はないという結論でよいでしょうか。

　まず,集団の比較をするときに,平均値を用いることは解析の第一歩です。しかし,データ解析の立場からは,この情報では不十分なことは明らかです。ここでは簡単のために,各クラスの生徒の数をそれぞれ3人としてみます。そして,点数を抜き出してみると,Aクラスは（5, 7, 6）,Bクラスは（9, 9, 0）でした。それぞれのクラスの平均点を計算すると

Aクラス $\cdots$ $(5+7+6)／3=6$
Bクラス $\cdots$ $(9+9+0)／3=6$

となり,確かに平均点は6と両クラスで同じになりますので,両者に有為な差はないという結論でよいのでしょうか。もちろん,この判定には無理があります。なぜなら,点数分布が明らかに異なっているからです。どうみても,Bクラスのほうのばらつきが大きいです。

数値データを処理する

　それならば,平均点からの偏差を比較したらどうでしょうか。するとAクラスでは（−1, +1, 0）となり,Bクラスでは（+3, +3, −6）となって,ばらつきがBクラスのほうが大きいことが分かります。よって,Bクラスの生徒の実力の偏りが大きいと考えられます。

　しかし,3個のデータであれば簡単ですが,データ数が増えたときに,同様の手法を使うのには無理があります。そこで,数値のばらつきを,ひとつの数値データとして示せれば便利です。このために,まず,偏差の和をとってみます。すると

Aクラス $\cdots$ $-1+1+0=0$
Bクラス $\cdots$ $+3+3-6=0$

のように,どちらも0となって使いものになりません。実は,平均点からの偏差の和を計算すれば,必ず0となります。よって,この数値は使えません。

これを回避するために，偏差の絶対値をとり，それを生徒の数で割ればよいのではないでしょうか。すると

Aクラス … $(1+1+0)／3=2／3≅0.67$
Bクラス … $(3+3+6)／3=4$

となり，Aクラスの偏差は0.67，Bクラスは4となりますから，クラスBのほうの成績の偏りが大きいことが一目瞭然です。これを平均偏差と呼んでいます。ただし，実際には，偏差を2乗して平方根をとる標準偏差のほうが一般的です。

　このようなデータ解析を自分で行ってみると視野が広がります。さらに，統計の手法を使うと，この他にもいろいろな解析ができ，数字が生きるのです。例えば，30人以上の人が集まると正規分布に従い，能力分布は，おおよそ2：6：2になると言われています。この事実が分かっているだけで，いろいろなことに対処することができます。

データの信頼性を吟味する力

　ところで，3人ではなく，最初のふたりのデータを抜き出した場合，Aクラスでは（5，7），Bクラスでは（9，9）となり，平均点は6と9となって，先ほどとは，まったく異なる様相を示します。よって，本来は全生徒のデータを集めて解析することが必要です。ただし，対象の数が多いとそれができません。そのため，ある集団からデータを抽出して解析するのが一般的なのです。

　この操作をサンプリングと呼んでいます。もちろん，サンプル数を増やせば，本来のデータに近くなります。ただし，例えば，対象が日本国民となると，データ数が約1億2000万と大きくなります。信頼性を高めるために，サンプル数をいたずらに増やしたのでは，データ処理に時間がかかります。このため，どの程度のデータ数を集めれば信頼できるかということも標準化されているのです。

　実は，マスコミ報道などで発表される数値はデータ数が不十分で，信頼性が高くないものも含まれています。例えば，政党の支持率や，テレビ番組の視聴率など，どのような調査方法を用いたかによって値も信頼性も異なります。

　教育の国際比較で日本は苦戦しているという報道がありました。TOEIC® の平均点

数でも，日本はアジア地区で低迷しています。しかし，ここでも「数」の吟味が必要です。例えば，日本では，全国規模で一斉試験ができます。このため日本全体を反映したデータとなります。しかし，他国では，そもそも裕福な家庭の子供しか学校に通えない国もあります。また，受験者を優秀成績者に限定しているところもあります。日本でも，調査テストの際に成績不良者を欠席させるという手法で，平均点を上げていた学校もありました。先ほどのBクラスでも，0点をとる生徒を欠席させれば，平均点は大きく上昇します。

ところで，(9，9，0) という分布を正しいとして解析してきましたが，点数が0というのは異常です。例えば，この生徒の体調が試験時に悪くなかったか，採点に間違いがなかったなどの可能性も検討する必要があります。

このように，数字の裏に潜むトリックに気づくこともデータサイエンティストには大切です。根拠のある信頼できるデータに基づく議論が重要だからです。そして，実際に自分で数値データの処理を経験していれば，課題も含めて，いろいろな側面が見えてきます。文系の人にとっても難しい作業ではありません。

データを扱う人は，日頃からこのような作業を訓練することも重要です。数字に触れることがなにより大切なのです。また，そのために必要なスキルは，四則計算であることも認識すべきです。高度な数学理論を修得していなければデータは扱えないということはありません。基本は，たし算，ひき算，かけ算，わり算などをしっかりこなす力です。

そのうえで，可能であれば資格取得を目指してみましょう。人は，何か明確な目標があれば，それに向けて努力することができるからです。ぜひ，「データサイエンス数学ストラテジスト」にチャレンジしてみてください。あなたの新しい未来が開けるはずです。

芝浦工業大学
前学長　**村上雅人**

DX が変えるビジネススキル

　仕事で役立つスキルといえば，文章力，読解力，コミュニケーションスキルなどのほか，リーダーになればビジネス思考，コーチング，交渉力など，いろいろあります。もちろん，これですべてではありませんし，業界特有のスキルもたくさんあります。こうしたスキルは，ここ数十年で多少は変化しましたが，大きな変化はありませんでした。

　しかしここにきて，ビジネスパーソンに求められる「基本スキル」が大きく変化しようとしています。その背景にあるのは「デジタル技術」の進化です。「AI（人工知能）」や「ビッグデータ」といった言葉を聞いたことがあると思います。難しそうな言葉で自分に関係するとは思わなかった人もいるかもしれませんが，こうしたデジタル技術は科学者や技術者のためにあるのではなく，世の中をより良くするためにあるのです。そして実際，社会を，仕事を，私たちの生活を，変えようとしています。

すべてがデジタル化される未来

　デジタル技術による変化を，一部の人たちは「アフターデジタル」という言葉で表現しています。それは，「すべてがデジタル化し，従来のアナログな部分もデジタルに取り込まれる」という意味です。「すべてがデジタル化する」と聞いてSFのように感じた人がいるかもしれませんが，身の回りで起きている変化は確実にそこに向かっています。

　例えば，キャッシュレス決済はお金の取引のデジタル化です。無人店舗では，誰がいつ入店し，どの商品を手に取って購入したかということが，すべてデジタル化されます。街中にはカメラがあり，誰がどこを歩いているかもデジタル化されます。気が付けば，私たちの行動はすべてデジタル化されていきます。これはほんの一部ですが，「すべてがデジタルになる」世界は，確実に近づいているのです。

　もちろん，ビジネスのデジタル化も進んでいます。「ビジネスのデジタル化」と聞いて，これまでも「業務でITを使ってきた」とか，「ネットを活用してビジネスをしてきた」といったことを思い浮かべる人もいると思いますが，注意したいのは，今起きている

「デジタル化」はそれらとは明らかにレベルの違う話です。社会の根本的な部分がデジタル化されるのであり，デジタルを「活用」するのではありません。もちろん，「ITリテラシーが大事」といった捉え方では全く不十分です。

今起きていることは，デジタルありきですべてを考え直すということです。ビジネスも，それを支える業務もです。これまで「人」ありきで考えてきたビジネスや業務をデジタルありきで考え直し，業務改革をしたり，事業変革をしたりする。これこそが，「DX（デジタルトランスフォーメーション）」なのです。

「AIと一緒に働く」のが標準的な仕事のスタイル

ここまで，「アフターデジタル」「DX」という大きな変化が起こっていることを説明しました。では，このような変化を受けて，ビジネスパーソンのスキルはどのように変化するのでしょうか。それは，「デジタル化とは本質的に何か」を考えれば答えは出てきます。

デジタル化の本質は「データ化」です。データ化とは，コンピューターで処理したり分析したりできることを意味します。会社の業務がデジタル化されるということは，「業務＝データ処理」になるということです。これは，単純な業務だけが対象ではありません。「業務上の判断」は「データに基づいた分析」になります。さらに，長年の業務経験があって初めて判断できるようなことであっても，データである以上分析可能です。おそらく膨大なデータを使って高度分析が必要になるでしょうが，そうした領域にはAIがあります。

一時期，「AIに仕事を奪われる」との警鐘が鳴らされました。これは，「従来の多くの仕事はAIによって代替可能で，人は，従来とは違う仕事をするようになる」と解釈するのが正しいと思います。では，人はどのような仕事をするのでしょうか。業務内容はさておき，仕事のスタイルは「AIと一緒に働く」「AIが得意なところはAIに任せる」ようになるでしょう。実感はないかもしれませんが，これが，これからの「標準的な仕事」のスタイルです。

学校教育の数学をビジネススキルとして体系立てる

この「標準的な仕事」をするのに必要なスキルを掘り下げてみましょう。例えば，データを分析するには大量のデータを図にして可視化することが必要で，単純な棒グラフ

や折れ線グラフだけでなく，散布図やヒートマップなどの図表化スキルが求められます。そのほか，回帰分析やヒストグラムなどの手法を学ぶ必要もあるでしょう。

　データを活用するには，確率統計が基本となりますが，線形代数，微分積分などを学ぶことによって高度な分析を行うための根幹を身につけることができます。AIと一緒に仕事をするには，基本的なアルゴリズムのほか，機械学習の基本やニューラルネットワークの原理などを知っておくことが大事です。

　いずれも，学校教育でいえば「数学」の分野に入るものです。つまり，これからのビジネスパーソンにとって，「数学」はより重要になるのです。ジャンルによってはやや高度な知識が必要ですが，学校教育の数学のすべてが必要になるわけではありません。忙しいビジネスパーソンが中学数学からすべて学び直すというのは現実的ではなく，求められるのは，ビジネスパーソンに求められるスキルを，学校教育の数学と結び付け，効率よく，無駄なく学習できるように体系立てることです。それこそが，本書の『データサイエンス数学ストラテジスト』資格制度です。

理系科目が不得意な人でもなれる

　「デジタル化」はもちろん日本だけで起こっているのではなく，世界のトレンドです。このトレンドに乗り遅れると日本は世界から取り残されてしまいますので，国も教育界も人材のスキルシフトに本腰を入れ始め，「データサイエンス人材」を増やそうと躍起になっています。『データサイエンス数学ストラテジスト』資格制度は，こうした流れに乗ったものです。

　言葉として似ている人材像に「データサイエンティスト」があります。誤解がないようにしておくと，『データサイエンス数学ストラテジスト』資格制度は，「データサイエンティスト」と無関係ではありませんが，データサイエンティストを育成する制度ではありません。データサイエンス数学ストラテジストはすべてのビジネスパーソンが目指す人材像であり，目指す姿は「データ分析できる」「データ活用できる」「AIと一緒に仕事ができる」人材です。AIと一緒に仕事をするのに，データサイエンティストのような高度なスキルは必要ではありません。何をAIに任せるべきかを判断し，実際にAIに任せ，AIが出した結果を活用すればいいのです。

　「データサイエンティスト」を目指す人はもちろん必要ですが，ハードルが高いのも

事実です。それに対して「データサイエンス数学ストラテジスト」は，すべてのビジネスパーソンが一定の学習で習得できるように考えられています。たとえ理系科目が不得意な人であっても，一定の学習をすれば習得可能なはずです。

　将来は，すべてのビジネスパーソンがデータサイエンス数学ストラテジストでもある。そうした未来は「あるべき姿」のように思います。逆にそうしなければ，日本は世界のトレンドからどんどん取り残されてしまいかねません。本書を手に取られたみなさんには『データサイエンス数学ストラテジスト』になっていただき，それぞれの企業で周りをリードする存在になってもらいたいと思います。

日経BP　技術メディアユニット
編集委員　**松山貴之**

仕事で使う
「データサイエンス基礎理論」

　ビジネスパーソンにとって，データサイエンスの基礎理論にあたる「数学」を学ぶ意義は何でしょうか。市販されているデータ分析ツールはその中身の仕組みを知らなくても使うことは可能ですし，プログラミングができなくても，AIの理論的背景を知らずともAIツールを使うことはできます。ただ，ツールは万能ではありませんし，ツールを使うことと業務に役立つことはイコールではありません。ツールを使う側がデータサイエンスの基礎理論を習得しているかどうかによって，実は大きな違いを生み出すのです。

　まず，基礎理論を身につけていれば，データ分析／AIツールによる結果を的確に人に説明できるようになります。「ツールが出した結果なのでこれが正解です」と説明されても，説明を受けた側は納得できるものではありません。ツールの結果を業務に生かすには理論的背景が欠かせないのです。もう1つは，ツールをより効果的に使いこなせるようになります。世の中のデータ分析／AIツールは非常に優秀で多くの分析課題を解決することができますが，残念ながら現時点で100%の問題を解くことはできません。そこで，ツールを使う側がデータサイエンスの理論的背景を加えることで，より効果的に使うことができるようになるのです。

　データ分析をする上で特に学んでおきたい数学の分野は，「確率・統計」「線形代数」「微分積分」です。「確率・統計」では，主に分布を活用して，モノゴトの振る舞いを数式で表現（数理モデル化）することができます。「線形代数」「微分積分」はコンピューターを使った計算をするうえで必要な知識です。数理モデル化した問題をコンピューターに解かせるには，これらの理論を活用します。

　また，2022年度から実施される高等学校の次期学習指導要領では数学Bの「統計的な推測」に「仮説検定の方法」が加わり，数学Iの「データの分析」に「仮説検定の考え方」が加わります。プログラミング教育は，すでに小学校のカリキュラムに取り入れられ

ています。これらはデータ分析やAI活用に関係する数学基礎です。つまり，これから5年後，10年後を想像すると，上司が学校で教わっていない数学基礎に慣れ親しんだ世代が部下として配属されるようになるのです。そうした若手と同じ土俵で会話するには，数学的基礎の用語の意味合いや使い方など，最低限の知識を身につけ，慣れておく必要があると思われます。

　以下では，「データ観察・可視化・分析」「数学基礎」「アルゴリズム」「機械学習基礎」「深層学習基礎」に分けて，数学の基礎が業務で活用する具体的な例を説明します。

データ観察・可視化・分析

　例えば，「月間労働時間」と「会社への満足度」のデータがあり，それらの関係性を表現したいとします。このような場合，散布図による可視化が有効です。ツールを使えばマウス操作だけで，散布図をはじめとした多くの種類のグラフを簡単に作成することができます。ただし，散布図としてデータをプロットするだけでは，関係がありそうだとはわかっても，「どのくらい関係があるか」を定量的に示すことはできません。

　そうした場合，回帰直線を描画してみるだけでぐっと解釈しやすくなります。$y=ax+b$ という一次関数（y が満足度，a が回帰係数でx が月間労働時間，b が切片）によって，月間労働時間が1時間増加した場合の社員の満足度の変化を推し量ることができます。また，月労働時間と満足度の関係性が，月平均労働時間を超えている社員とそうでない社員で異なるということもありえます（みんなが残業しているならば頑張れるが，1人だけ残業をしていると不満がたまるといったイメージです）。

　そうした場合，労働時間と平均労働時間の差をとることで，関係性がより鮮明に見えることもあるのです。その他にも，同じ平均でも調和平均や二乗平均が有効な場合など，そのデータに応じた前処理をしてやることで，分析結果がより精緻なものとなっていきます。精緻な分析のためには，適切な前処理を選択する必要がありますが，そのときにも理論が力を貸してくれるのです。

数学基礎

　次に，こんな例を考えてみましょう。あなたの部下に能力が全く同じAさんとBさんがいたとして，どちらにどれだけ仕事を任せるかを決めるとします。Aさんに100%でも，AさんとBさんに50%分ずつでも，どちらであっても仕事は終わるので，人で

あれば「決めの話だよね」と判断してしまうことができますが，コンピューターはそういうわけにはいきません。このように極めて相関の強い2変数が存在することを「多重共線性」と呼びます。コンピューターは「決めの問題だよね」と判断することはできないので，次に説明する「アルゴリズム」で工夫するか，人間が最初からどちらかだけ選んでおく（どちらかを除外する）などの方法が考えられます。ちょっとしたことかもしれませんが，このようにコンピューターには苦手な分野があり，それを知っていなければ対処できず途方に暮れてしまうかもしれません。

　その他，「線形代数」や「微分積分」などの考え方は，ビジネスでモノゴトを考える際の思考ツールとなります。例えば，線形代数でのベクトルのある2点を座標上で表現すると，似たものであれば，互いに近い点に置かれ，ベクトルの向きも同じ方向になります。つまり，各点と原点を結んだ角度は0度に近くなります。一方，全く似ていなければ90度の角度になります。このようにベクトルという表現でデータが似ているか似ていないかを図で表現することができるという特徴があります。

　高校で習う微分は変化量を示すものとも考えられます。つまり，微分を計算できれば，モノゴトの変化量を把握することができます。直接的に計算しなければならない機会はあまりないかもしれませんが，そういった思考方法を身につけることで別の発想が得られるかもしれません。

アルゴリズム

　AIツールをビジネスで活用していると，「いつまでたってもツールから答えが返ってこない」といった場面にぶつかることがあります。データ量が多すぎたり，時間のかかる処理をしたりするとこうしたことが起きますが，AIツールはなぜ止まっているかを教えてくれるとは限りません。そんなとき，AIの使い手であるみなさんがAIの"お医者さん"になる必要があります。そのためには「アルゴリズム」の知識が不可欠です。

　例えば，あなたがある小売店の社員だとして，（A）全国にある自社の店舗と（B）全国の市町村の人口データを持っていたとします。（A）（B）のデータがそれぞれランダムに並んでいる場合，各店舗とそれぞれの市町村の人口をひも付けるのはとても大変です。大変というのは計算処理が多く時間がかかるということです。データの量や並び方によって計算時間が異なるといったアルゴリズムの基礎を知っていれば，「ランダムな並び順のデータなので計算に時間がかかりAIが止まってしまったように見えてい

るんだ」とわかりますが，背景知識がないと原因にたどりつけないかもしれません。

機械学習基礎

　機械学習や統計モデルには予測・分類・強化学習の3種類があり，それぞれに対して複数の手法が存在します。例えば，「ロジスティック回帰」は各要素の「確からしさ」がわかりますし，「決定木」は複数要素による「交互作用効果（ある要素と別の要素を組み合わせることでより傾向が強く出る効果）を捉えやすい」という特徴があります。

　ビジネスの世界におけるデータ分析では，ロジスティック回帰や決定木を頻繁に使います。例えば，あなたが通販会社でデータ分析を担当していて，どの顧客に対してDMを送付するのが効果的なのかを判断する必要があるとします。これまで購入してくれた顧客リストの中からターゲットを絞り込んでいく際，機械学習的な「ランダムフォレスト」や「SVM（サポートベクターマシン）」などの手法を使えば精度を高めていくことが可能ですが，実際にはDMにそのターゲットに刺さるようなメッセージが必要であるため，ロジスティック回帰などのように「何の変数」が強く影響しているのかを知り，決定木分析で顧客のイメージを想像していくことが極めて重要となります。その際，分析ツールやPythonのライブラリなどを使えば「パパっと」できてしまいますが，その裏側で実施していることをイメージできれば分析に奥深さが出てくるでしょう。

深層学習基礎

　現在のAIは人間の脳をモデルにしたニューラルネットワークをベース作られています。これを「深層学習」と呼び，人間と同様に，深層学習にもいろいろなタイプがあります。画像に強いタイプ，文章に強いタイプなどです。また，人間と同様に深層学習は学習しないといけないのですが，深層学習はその学習に時間がかかり，多くの「教師データ」（教材のようなもの）が必要です。しかし，これらは常に用意できるとは限りません。

　例えば，深層学習で猫を見分けるには，様々な種類，大きさ，色の猫の画像が必要です。囲碁や将棋の世界でもAIは浸透していますが，これらのAIには莫大な学習時間が必要で，一個人の環境ではなかなか用意できません。そんな時に有効なのが「学習済みモデル」です。学習済みモデルはその名の通り，すでに学習を行ったあとのモデルですので，学習時間が非常に短くて済みます。先程の猫の例でいえば，学習済みモデル

を使えばほとんど追加学習なしに猫を判別できるようになります。

　ただし，これにも注意が必要です。学習済みモデルは未学習のものに対しては適用できないことがあります。例えば，英語の文章を学んだ学習済みモデルは，日本語には適用できません。さらにいうと，日本語の文章を学んだ学習済みモデルでも，専門用語の多い文章は読めないことがあります。

　さて，ここまでAIを説明したことで，AIと一緒に働くビジネスパーソンが身につけないといけないことが見えてきたと思います。このAIはどういったモデルで，どういったことに強くて，何に弱いのか，事前にどんなことが必要なのかといったことを理解しておくことが必要なのです。AIではどこまで適用可能なのか，その肌感覚を得るには，理論的背景を学ぶことはとても有効なのです。

三井住友海上火災保険株式会社　デジタル戦略部
データサイエンティスト
木田浩理　伊藤豪　高階勇人　山田紘史　安田浩平

「データサイエンス数学ストラテジスト 中級」
資格のご案内

　データサイエンスを主とした事業戦略・施策（データの把握や分析など）においては，実は"数学的なリテラシー"が必要とされています。これまで私たちは，算数・数学に関する検定事業や算数・数学への興味関心を高める普及活動で実用的な数学を推奨してきました。本資格は，データサイエンスの基盤となる，基礎的な数学（確率統計・線形代数・微積分）と実践的な数学（機械学習系・プログラミング系・ビジネス系数学）の2つを合わせて体系化した"データサイエンス数学"に関する知識とそれを活用できるコンサルティング力を兼ね備えた専門家として，一定の水準に達した方に「データサイエンス数学ストラテジスト」の称号を認定するものです。

■試験概要

　データサイエンス数学ストラテジストには，「データサイエンス数学ストラテジスト 中級」「データサイエンス数学ストラテジスト 上級」の2つの階級が用意されています。

◆データサイエンス数学ストラテジスト 中級

対象の目安	：	社会人，大学生，高校生
数学のレベル	：	数学Ⅰ・Ａまで
問題数	：	30問（5者択一問題）
試験時間	：	90分
合格基準	：	60%（18問）以上

合格者の想定レベル：データサイエンスに必要なデータサイエンス数学の基礎を理解し，業務データや市場データを数値的に解釈して，関係者と価値を共有し，ビジネス課題の解決に貢献できる

◆データサイエンス数学ストラテジスト 上級

対象の目安	：	社会人，大学生，高校生
数学のレベル	：	大学初学年程度まで

問題数　　：　40問（5者択一問題）

試験時間　：　120分

合格基準　：　70%（28問）以上

合格者の想定レベル：データサイエンスを主とした事業戦略・施策に関わるデータ
サイエンス数学の一定の知識を活用し，戦略・施策の実現方
法を検討および提案できる

■資格到達目標

	各領域	到達目標
領域1	データ 集計・分析	データサイエンスに必要なデータの集計・分析手法の理解・習熟 • データ分析目的の設定，データの収集・加工・集計，比較対象の選定 • データのばらつき度合，傾向・関連・特異点の把握 • 時系列データ，クロスセクションデータ，パネルデータの理解 • 目的に応じた図表化・可視化（棒グラフ，折線グラフ，散布図） など
領域2	数学基礎	データサイエンス戦略・施策に必要な数学の基礎 ■算数・中学校数学分野 • 四則計算，グラフ，比例と反比例，単位あたりの大きさ，文字式の計算，方程式，1次関数，三平方の定理，思考力を測る問題 ■確率統計系分野 • 平均値・中央値・最頻値，分散，標準偏差，統計基礎 • 割合，順列・組合せ，二項定理，確率，確率分布 • データの分析，資料の整理・活用，標本調査 ■線形代数系分野 • ベクトルの演算（和とスカラー倍，内積） • 行列の演算（和とスカラー倍，積），行列式 • 固有値と固有ベクトル ■微分積分系分野 • 指数関数，対数関数，三角関数，2次・多項式関数，写像 • 数列，関数と極限，微分・積分 • 偏微分，重積分，微分方程式の基礎 など

各領域		到達目標
領域3	機械学習基礎	データサイエンス戦略・施策に必要な機械学習の基礎 • 基礎的な理論（活性化関数，距離による類似度，最小二乗法） • 教師あり学習（回帰（回帰直線），分類（線形識別・混同行列）） • 教師なし学習（クラスタリング，次元削減） • 関連研究分野（自然言語処理，データマイニング）　　　　など
領域4	深層学習基礎	データサイエンス戦略・施策に必要な深層学習の基礎 • ニューラルネットワークの原理，勾配降下法 • ディープニューラルネットワーク（DNN） • 畳み込みニューラルネットワーク（CNN）　　　　　　　　など
領域5	アルゴリズム・プログラミング的思考	データサイエンス戦略・施策に必要なアルゴリズム，プログラミング的思考 • アルゴリズム（探索・ソート・暗号），計算量理論 • 特定のプログラミング言語に依存しない手続き型思考，情報理論　　　　　　　　　　　　　　　　　　　　　　　　　　　　　など
領域6	数学的課題解決	論理的思考と数学的発想を用いて課題を解決に導く • 課題から解答まで矛盾なく導く論理性，一貫性 • 課題を読み取り，規則性・法則性を発見
領域7	コンサルティング	ビジネスシーンでのデータサイエンス戦略・施策の実現方法の検討，提案 • 顧客，ステークホルダーの要望・意見を聞くコミュニケーション力 • 戦略・施策の実現方法を検討し，提案するプレゼンテーション力

■試験内容

以下の4つのジャンル（学習分野）から構成されています。

ジャンル①	ジャンル②
AI・データサイエンスを支える **計算能力と数学的理論の理解** • 確率統計系分野（統計・確率・場合の数 など） • 線形代数系分野（行列・ベクトル など） • 微分積分系分野（微積分・関数・写像 など）	**機械学習・深層学習の** **数学的理論の理解** • 基礎理論（活性化関数・類似度・最小二乗法） • 機械学習（回帰・分類・クラスタリング など） • 深層学習（ニューラルネットワーク など）
ジャンル③	ジャンル④
アルゴリズム・プログラミングに必要な **数学リテラシー** • アルゴリズム（探索・ソート・暗号，計算量） • プログラミング言語に依存しない手続き型思考 • 数学的課題解決（論理的思考＋数学的発想）	**ビジネスにおいて** **数学技能を活用する能力** • 把握力（データ・グラフの特徴の把握 など） • 分析力（売上・損益等財務的な分析 など） • 予測力（データに基づいた業績予測 など）

■出題範囲

各階級の出題範囲は，各ジャンル説明の冒頭に記載

■出題形式

項目	内容
受験環境	コンピューター上で多肢選択に解答するIBT（Internet Based Testing）形式
問題配分 ※（ ）は上級	① AI・データサイエンスを支える計算能力と数学的理論の理解：50% ② 機械学習・深層学習の数学的理論の理解：16.7%（25%） ③ アルゴリズム・プログラミングに必要な数学リテラシー：16.7%（12.5%） ④ ビジネスにおいて数学技能を活用する能力：16.7%（12.5%）

■受験の際に必要な持ち物

試験はインターネット上で行われますが，試験の際には以下の持ち物をご用意ください。

・筆記用具

・計算用紙

・電卓または関数電卓

・表計算ソフト（必要に応じて）

■試験結果

試験終了直後に，合否判定などの試験結果が画面上に表示されます。「合格」「不合格」のほか，総得点，マトリクス図（前述のジャンル①の得点を縦軸，ジャンル②〜④の合計得点を横軸として得点状況の偏り具合を視覚化），評価コメントなどが試験結果として表示されます。

■試験方法

データサイエンス数学ストラテジスト試験の詳細，および申込方法は，2021年9月頃，Web上にて掲載予定

資格についての詳細はこちら　https://ds.su-gaku.biz/

■資格に関するお問い合わせ先

公益財団法人 日本数学検定協会

〒110-0005　東京都台東区上野5-1-1 文昌堂ビル6階

TEL：03-5812-8340

受付時間：月〜金 10:00 〜 16:00（祝日，年末年始，当協会の休業日を除く）

本書の読み方，使い方

　本書は「データサイエンス数学ストラテジスト 中級」相当の問題を学習し，本試験問題を解く力，考え方を身につけるためのテキストです。

　データサイエンス数学ストラテジストを構成する4つの学習分野「①基礎的な数学」「②機械学習系数学」「③プログラミング系数学」「④ビジネス系数学」を含めて，中級試験2回分の全60問の問題を掲載しています。問題はそれぞれ1問完結型になっており，解く順番は自由です。

　それぞれの問題は，大きく「問題」「考え方」「解説」の3ステップで構成されています。本書の「問題」を解き，「考え方」や「解説」を読み，繰り返し学習することで，データサイエンス数学ストラテジスト 中級相当の基礎となるスキル，思考プロセスを身につけることができます。さらに，一部の問題には，以下で説明する「ワンポイント」や「適用分野」を記載しています。

ステップ1＝問題

　「データサイエンス数学ストラテジスト 中級」相当の類似問題です。まずは自力で問題を解いて，選択肢を選んでみましょう。1問あたりの制限時間の目安は3分です。

ステップ2＝考え方

　正解を導くためのヒントとなる考え方を示しています。初学者の方は，本問題を解くためにはどのように考えればよいか，問題へのアプローチの仕方の参考としてください。

ステップ3＝解説

　本問題に対する解説を示しています。問題を解けなかった人は，解説を読んで解き方を理解し，繰り返し学習しましょう。問題を解けた人も，なんとなくではなく，適切に解けたかをしっかり確認してください。

以下は，一部の問題で掲載しています。

補足1＝ワンポイント

本問題の重要な点，関連する内容について，新たに説明を追記しています。さらに深い知識や関連の知識を押さえることができます。

補足2＝適用分野（ジャンル①のみ）

本問題が実際にどのような分野に適用されるかをキーワードで示しています。

本書をひととおり読み終えたら，あなたのデータサイエンス数学ストラテジストに関する力は，飛躍的に高まっているはずです。自身のスキルレベルを把握するためにも，ぜひ，「データサイエンス数学ストラテジスト」資格にチャレンジしてみましょう。資格を取得することは，あくまでもスキルアップの1ステップにすぎません。身につけたデータサイエンス数学ストラテジストの力を実際のビジネス現場で活用することが，みなさんの最終ゴールです。データサイエンス数学の基礎を理解し，業務データを活用してビジネス課題の解決に貢献できるビジネスパーソンを目指し，早速，データサイエンス数学ストラテジストの力を高める一歩を踏み出しましょう。

目次

第1章　ジャンル①
AI・データサイエンスを支える計算能力と数学的理論の理解 27

目次

第2章　ジャンル②
機械学習・深層学習の数学的理論の理解 71

目次

第 1 章

ジャンル①

AI・データサイエンスを支える
計算能力と数学的理論の理解

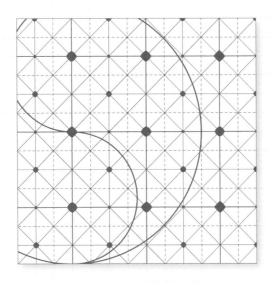

INTRODUCTION イントロダクション

数学力（ジャンル①）はなぜ必要か？

　機械学習と深層学習を中心とするデータ分析（ジャンル②）は，数学によって厳密に定義されています。すなわち，データ分析は数学が基礎・土台となっています。

　数学力（ジャンル①）では，データ分析（ジャンル②）を"ただ使える"という表面的なレベルではなく，"分析の仕組みを本質的に理解する"ために必要な数学を学びます。

　特にデータ分析（ジャンル②）に多用される微分・積分，線形代数（ベクトル，行列など），統計学に関する基本内容を理解することにより，実際の問題・課題に対して数学に裏付けされたデータ分析手法を適用し，分析結果を的確に評価することが可能になります。

　もちろん，小学校で学ぶ算数や中学校数学の内容も重要です。中級ではこのレベルから着実に数学力をつけ，上級につながるように配慮しております。

中級　出題範囲

小学校算数＋中学校数学＋高校（数学Ⅰ・A）

- 算数……………………四則計算，グラフ，比例と反比例，割合と比，平均，
  単位あたりの大きさ，思考力を測る問題など
- 中学校数学……………正の数・負の数，文字式の計算，
  方程式（1次，連立，2次），
  関数とは，比例と反比例，1次関数，$y = ax^2$，
  三平方の定理，資料の活用，確率など
- 数学Ⅰ・A…………… 数と式，2次関数，三角比，順列と組合せ，
  データの分析と確率など

上級　出題範囲

高校（数学Ⅰ・A，Ⅱ・B，Ⅲ）＋大学初学年（微分・積分＋線形代数基礎）

- 数学Ⅰ・A………数と式，2次関数，三角比，順列と組合せ，
  データの分析と確率など
- 数学Ⅱ・B………指数・対数関数，三角関数，整式の微分・積分，
  数列，ベクトル，確率分布など
- 数学Ⅲ …………数列・関数と極限，微分・積分など

大学（初学年）

- 微分・積分 …… 微分・積分の基礎，偏微分，重積分，
  微分方程の基礎など
- 線形代数基礎 … 行列，行列式，固有値など

| 問題 1 | **四則計算はきっちり，確実に！**
$30 \times (75 + 15 \div 3)$ を計算し，答えを次から選びなさい。 |

(1) 240　　　(2) 750　　　(3) 900

(4) 2255　　(5) 2400

考え方　四則計算の順序は確実に覚えておいてください！

問題1の正解　　(5)

解説

$$30 \times (75 + 15 \div 3)$$
$$= 30 \times (75 + 5)$$
$$= 30 \times 80 = 2400$$

ワンポイント

① 原則，左から右に順に計算する。

② ×，÷は，＋，− よりも先に計算する。

③ かっこ（ ）の計算は，先に計算する。

<table>
<tr><td>問題
2</td><td>**折れ線グラフからトレンドを読み込もう**</td></tr>
</table>

右の折れ線グラフは，ある日の気温と，近くにあるプールの水温の変わり方を表したものです。気温の上がり方が一番大きかったのは，何時から何時までの間か，次から選びなさい。

（1）午前9時から午前10時までの間
（2）午前10時から午前11時までの間
（3）午前11時から午前12時までの間
（4）午前12時から午後1時までの間
（5）午後1時から午後2時までの間

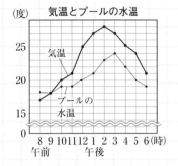

考え方 折れ線グラフの変化は目盛りの値をしっかり読み取ってください。

適用分野 計量経済学（時系列分析）など

問題2の正解 （3）

 解説

気温は午前11時から午前12時までの1時間で4度上がっているのが一番大きい。プールの水温では午後1時から午後2時までの1時間で2度上がって，これが最も大きい。
問題は，気温の上がり方をきいており，プールの水温ではないことに注意してください。

✓ **ワンポイント**

折れ線グラフは気温の時間的変化のように，時刻とともに数量が変化している様子を折れ線で表します。折れ線グラフの傾き具合から変わり方の度合いが分かります。中学校の数学では，比例や1次関数の直線の方程式の傾きが変化の割合を示すことを学びます。

問題 3

算数の難関「割合」をマスター！

次の□□□中にあてはまる数を，それぞれ A，B，C とします。

・72 人は，120 人の　**A**　% です。

・30kg の 70% は，　**B**　kg です。

・36 円は，　**C**　円の 45% です。

A，B，C にあてはまる数を小さい順に左から並べたとき，正しいものを次から選びなさい。

(1) A，B，C 　　(2) B，A，C 　　(3) B，C，A

(4) C，A，B 　　(5) C，B，A

考え方 割合の計算は，割合，比べる量，もとにする量のうち，どれか 2 つわかれば他の 1 つを求めることができます。

適用分野 経済学，経営学，マーケティング　など

問題3の正解　(2)

 解説

A は，$72 \div 120 = 0.6$ なので，60（%）

B は，$30 \times 0.7 = 21$（kg）

C は，$36 \div 0.45 = 80$（円）があてはまるので，

　　21（B）＜ 60（A）＜ 80（C）

よって，B，A，C が正解です。

✓ ワンポイント

本問の A，B，C はそれぞれ次の割合の 3 用法から求めます。

・割合＝比べる量÷もとにする量

・比べる量＝もとにする量×割合

・もとにする量＝比べる量÷割合

問題 4

カードの並び方の規則性、わかるかな?

下の図のように，ある規則に従って，数が書かれているカードを左から
順に並べていきます。

| 1 | 2 | 1 | 1 | 2 | 3 | 2 | 1 | 1 | 2 | 3 | 4 | 3 | 2 | 1 | 1 | 2 | … |

最初に並べる | 7 | のカードは，左から何番目にあるか次から選びなさい。

(1) 41番目　　　(2) 42番目　　　(3) 43番目

(4) 44番目　　　(5) 45番目

考え方 カードの並べ方の規則性に素早く気づき，群（グループ）に分けてみましょう。

問題4の正解　　(2)

解説

図のように，縦の線で区切って，左から第1群，第2群，…と呼びます。

第1群は，1，2，1の3枚で， | 2 | のカードが初めて出てきます。

第2群は，1，2，3，2，1の5枚で， | 3 | のカードが初めて出てきます。

第3群は，1，2，3，4，3，2，1の7枚で， | 4 | のカードが初めて出てきます。

・・・・・・・・

この規則性から

| 7 | のカードは6群にあって，5群までは，3 + 5 + 7 + 9 + 11 = 35枚。

6群のカードは，1 2 3 4 5 6 | 7 | 6 5 ・・・で，7のカードは7番目にある
ので35 + 7 = 42番目にあることがわかります。

ワンポイント

数や図形パターンの規則性は思考力を問う問題によく出てきます。本問のように，
カードの数の並び（すなわち「数列」）を群に分けて考えるのもひとつの手法です。

問題 5

奇数と偶数は混乱しないように！

下の6個の（　　）の中に，奇数か偶数のどちらかが入ります。

①偶数と偶数を加えると，（　　）になる。

②奇数と偶数を加えると，（　　）になる。

③奇数と奇数を加えると，（　　）になる。

④奇数と偶数をかけると，（　　）になる。

⑤奇数と奇数をかけると，（　　）になる。

⑥奇数と偶数をかけ，その結果に奇数を加えると，（　　）になる。

6個の（　　）のうち，偶数が入るのは何個か次から選びなさい。

（1）1個　　（2）2個　　（3）3個　　（4）4個　　（5）5個

考え方　例えば，奇数を1に，偶数を2にしてそれぞれ計算してみれば確実でしょう。

適用分野　情報理論，情報工学　など

問題5の正解　（3）

解説

① $2 + 2 = 4$　☞　偶数

② $1 + 2 = 3$　☞　奇数

③ $1 + 1 = 2$　☞　偶数

④ $1 \times 2 = 2$　☞　偶数

⑤ $1 \times 1 = 1$　☞　奇数

⑥ $1 \times 2 + 1 = 3$　☞　奇数

となるので，偶数になるのは，①，③，④の3個になります。

ワンポイント

正の数の範囲であれば，

偶数は，0，2，4，6，8，10，…で，2で割ると余りが0になる整数

奇数は，1，3，5，7，9，…で，2で割ると余りが1になる整数

<table>
<tr><td>問題
6</td><td>文字式登場！ 係数と指数の計算は確実に！
$2x^2y^2 \times (-6x^3y^4)$ を計算した式を次から選びなさい。</td></tr>
</table>

(1) $12x^5y^6$　　　(2) $-12x^5y^6$　　　(3) $-12x^6y^8$

(4) $12x^6y^8$　　　(5) $-\dfrac{1}{3xy^2}$

 考え方 単項式の乗法では係数どうし，文字どうしの計算に分けて考えましょう。

> 問題6の正解　(2)

 解説

$2x^2y^2 \times (-6x^3y^4)$ の計算において，

係数どうしの積　…　$2 \times (-6) = -12$

文字どうしの積　…　$x^2y^2 \times x^3y^4 = x^2 \times x^3 \times y^2 \times y^4 = x^{2+3}y^{2+4} = x^5y^6$　より

$2x^2y^2 \times (-6x^3y^4) = -12x^5y^6$

✔ ワンポイント

単項式の乗法と除法が混じった計算例を紹介します。

$$18a^2b \div 6a^2b^3 \times 4ab = \frac{18a^2b \times 4ab}{6a^2b^3} = \frac{18 \times 4}{6} \times \frac{a^2b \times ab}{a^2b^3} = 12\frac{a^3b^2}{a^2b^3} = \frac{12\,a}{b}$$

このように，係数どうしの計算，文字どうしの計算にわけて行います。
割り算（除法）は分数の形で表して，約分を行ってください。

また，文字式の累乗の計算は次の指数法則にしたがって，丁寧に行ってください。

$$a^m \times a^n = a^{m+n}, \ (a^m)^n = a^{mn}$$

$$a^m \div a^n = \begin{cases} a^{m-n} & (m > n \text{ のとき}) \\ \dfrac{1}{a^{n-m}} & (m < n \text{ のとき}) \end{cases}$$

問題
7

和と差の2条件から2つの数の値を求めよう！

2つの数の和が**16**で，差が**5**であるような2つの数をa, bとします。

このとき，$4ab$の値を次から選びなさい。

(1) $\dfrac{231}{4}$　　(2) $\dfrac{231}{3}$　　(3) $\dfrac{231}{2}$　　(4) 64　　(5) 231

■ **考え方**　連立方程式の基本的な応用問題です。

(**適用分野**)　電気工学，OR（線形計画法），経済学　など

問題7の正解	(5)

/解説

$a > b$として

$$\begin{cases} a+b = 16 & \cdots ① \\ a-b = 5 & \cdots ② \end{cases}$$

①＋②より，$2a = 21$，$a = \dfrac{21}{2}$

①－②より，$2b = 11$，$b = \dfrac{11}{2}$

よって，$4ab = 4 \times \dfrac{21}{2} \times \dfrac{11}{2} = 21 \times 11 = 231$

✓ **ワンポイント**

別approachで解いてみると，

$a + b = 16$の両辺を2乗して，$a^2 + 2ab + b^2 = 256$

$a - b = 5$の両辺を2乗して，$a^2 - 2ab + b^2 = 25$

辺々を引けば，$4ab = 256 - 25 = 231$が得られます。

電気回路の共振周波数とは？

ラジオなどに使われる，**LC**回路の共振周波数 f は，

$$f = \frac{1}{2\pi\sqrt{LC}}$$

で表されます。ただし，$L > 0$，$C > 0$ です。

このとき，C を f, L を用いて表したものを次から選びなさい。

(1) $\dfrac{1}{2\pi^2\sqrt{Lf}}$　　　　(2) $\dfrac{1}{2\pi\sqrt{Lf}}$　　　　(3) $\dfrac{1}{4\pi^2\sqrt{Lf}}$

(4) $\dfrac{1}{4\pi^2Lf^2}$　　　　(5) $\dfrac{1}{4\pi^2Lf}$

考え方 $f = \dfrac{1}{2\pi\sqrt{LC}}$ を，文字 C について解く問題です。すなわち等式の変形を行って，

$C = \cdots$，と解答します。

適用分野 電気工学，電子工学　など

解説

$f = \dfrac{1}{2\pi\sqrt{LC}}$ の両辺を2乗すると，$f^2 = \dfrac{1}{4\pi^2 LC}$

$4\pi^2 LC = \dfrac{1}{f^2}$ より，$C = \dfrac{1}{4\pi^2 Lf^2}$

 **ワンポイント**

この等式は，理科（物理）の抵抗 R，コンデンサー C，コイル L を含んだ直列（or 並列回路）における共振周波数 f の関係式です。抵抗の大きさを R（Ω），コンデンサーは C（電気容量；単位はF），コイルは L（自己インダクタンス；単位はH）で特徴づけられています。共振周波数 $f = \dfrac{1}{2\pi\sqrt{LC}}(= f_0)$ のとき，回路内の電流が最大になったり，最小になったりします。

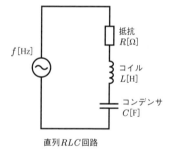

直列 RLC 回路

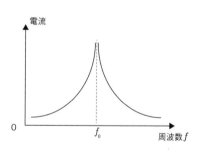

10個の関数の中で比例を表す式はどれ？

下に関係式で表された**10個の関数**があります。

① $y = 3x$　　② $y = 2x - 1$　　③ $y - x = 0$　　④ $2x = 3y$　　⑤ $y = \dfrac{3}{x}$

⑥ $2xy = 1$　　⑦ $\dfrac{1}{x} = \dfrac{5}{y}$　　⑧ $y = 3x^2$　　⑨ $\dfrac{y}{x} = -2$　　⑩ $\dfrac{2}{y} = x$

この**10個の関数**の中で，y が x に比例する関数はいくつあるか次から選び
なさい。

（1）2個　　　（2）3個　　　（3）4個　　　（4）5個　　　（5）6個

考え方 y が x に比例する場合，$y = ax$（a は 0 でない定数）と表されることから調べ
てみましょう。

適用分野　構造力学　など

解説

① $y = 3x$ … 比例定数が3の比例を表す式です。　　　　　☞比例

② $y = 2x - 1$ … -1の切片（定数）が含まれるため，比例ではありません。

③ $y - x = 0$ … $y = x$となって，比例定数が1の比例を表す式です。　☞比例

④ $2x = 3y$ … $y = \dfrac{2}{3}x$ より，比例定数が $\dfrac{2}{3}$ の比例を表す式です。　☞比例

⑤ $y = \dfrac{3}{x}$ … 右辺で x が分母にあるため，比例ではなく反比例を表しています。

⑥ $2xy = 1$ … $y = \dfrac{1}{2x}$ より，これも比例ではなく反比例を表しています。

⑦ $\dfrac{1}{x} = \dfrac{5}{y}$ … $y = 5x$と変形できて，比例定数が5の比例を表す式です。　☞比例

⑧ $y = 3x^2$ … 右辺は x の1次式でなく2次式なので比例ではありません。

⑨ $\dfrac{y}{x} = -2$ … $y = -2x$ より，比例定数が-2の比例を表しています。　☞比例

⑩ $\dfrac{2}{y} = x$ … $y = \dfrac{2}{x}$ より，これは比例ではなく反比例を表す式です。

以上をまとめると，比例を表す式は①，③，④，⑦，⑨の5個になります。

✓ **ワンポイント**

⑤，⑥，⑩はそれぞれ $y = \dfrac{3}{x}$，$y = \dfrac{1}{2x}$，$y = \dfrac{2}{x}$ より，y は $\dfrac{1}{x}$ に比例するといえます。また⑧の $y = 3x^2$ は，y は x^2 に比例するといえます。

問題 **10**	関数 $y = ax^2$ 上の点の座標を求めよう！ 右の図のように，関数 $y = ax^2$ のグラフ上に**2点A，B**をとります。点Aの x 座標は**−6**，点Bの座標は（**4，−8**）です。a の値を求め，点Aの座標を次から選びなさい。

(1) （−6, −18）　　　(2) （−6, −16）

(3) （−6, −15）　　　(4) （−6, −14）

(5) （−6, −12）

考え方 図より，$a < 0$ であることがわかります。

適用分野 機械力学，人工知能　など

問題10の正解　（1）

解説

$y = ax^2$ は，点B（4，−8）を通るので，

$-8 = a \cdot 4^2$ より，$16a = -8$ となって，$a = -\dfrac{1}{2}$

関数 $y = -\dfrac{1}{2}x^2$ に，点Aの x 座標 −6 を代入すれば，

$y = -\dfrac{1}{2}(-6)^2 = -18$ と y 座標が求められます。

よって，点Aの座標は，（−6, −18） となります。

✓ **ワンポイント**

◎関数 $y = ax^2$ は放物線ともいい，名前が示す通り，物体を空中に斜め上方に投げたときの物体が描く軌跡です。また，放物線は英語でパラボラ（parabola）といって，パラボラアンテナの曲面の形になっています。

◎中学校では $y = ax^2$ を学びますが，高校では一般的な2次関数 $y = ax^2 + bx + c$ $(a \neq 0)$ を学びます。1次関数の直線のグラフとは異なり，2次関数では頂点をもつようになります。$y = ax^2$ では頂点は原点に限定されますが，$y = ax^2 + bx + c$ $(a \neq 0)$ では，任意の点が頂点になり得ます。この頂点が最大値になったり最小値になったりし，これを求めることが最適化で機械学習に関係してきます。

問題 **11**

1次関数の式はどれかな？

グラフが2点 $(5, -1)$, $(-3, 4)$ を通る1次関数の式を次から選びなさい。

(1) $y = -\dfrac{5}{8}x$　　　　(2) $y = \dfrac{5}{8}x - \dfrac{17}{8}$　　　(3) $y = -\dfrac{5}{8}x + \dfrac{17}{8}$

(4) $y = -\dfrac{5}{8}x - \dfrac{17}{8}$　　(5) $y = \dfrac{5}{8}x + \dfrac{17}{8}$

考え方　1次関数の式 $y = ax + b$ は傾き a と切片 b を求めればよい。

適用分野　機械力学，OR（線形計画法）など

問題11の正解　　(3)

解説

傾きは $a = \dfrac{-1-4}{5-(-3)} = -\dfrac{5}{8}$ より，$y = -\dfrac{5}{8}x + b$

さらに1次関数は点 $(-3, 4)$ を通るので，

$4 = -\dfrac{5}{8} \times (-3) + b,\ b = 4 - \dfrac{15}{8} = \dfrac{17}{8}$

よって，$y = -\dfrac{5}{8}x + \dfrac{17}{8}$ が得られる。

別approach

1次関数の式を $y = ax + b$ として

点 $(5, -1)$ を通るので，$-1 = 5a + b$　　…①

点 $(-3, 4)$ を通るので，$4 = -3a + b$　　…②

②−①より，$-5 = 8a$，よって $a = -\dfrac{5}{8}$

①より，$b = -5\left(-\dfrac{5}{8}\right) - 1 = \dfrac{25}{8} - 1 = \dfrac{17}{8}$ が得られるので，$y = -\dfrac{5}{8}x + \dfrac{17}{8}$

ワンポイント

空気中の音の速さ v（m／秒）は，気温が t（℃）のとき $v = 0.6t + 331.5$ で表されます。この式はまさに1次関数です。

比例と反比例のグラフの交点を調べよう！
面積が **128** ㎠で，縦と横の長さの比が
1：2 の長方形を考えます。長方形の縦の
長さを x cm，横の長さを y cmとします。
面積が **128** ㎠であることから，x と y の関
係はグラフの①で表され，グラフの式は
$\boxed{\text{A}}$ です。

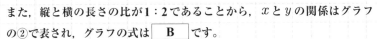

また，縦と横の長さの比が **1：2** であることから，x と y の関係はグラフ
の②で表され，グラフの式は $\boxed{\text{B}}$ です。

さらに①と②のグラフの交点Pの x 座標は **8** とすると，y 座標は $\boxed{\text{C}}$ です。

$\boxed{\text{A}}$，$\boxed{\text{B}}$，$\boxed{\text{C}}$ に入る式や数が正しいものを次から選びなさい。

	A	B	C
(1)	$xy = 32$	$y = 2x$	8
(2)	$xy = 64$	$y = \dfrac{1}{2}x$	8
(3)	$xy = 128$	$y = \dfrac{1}{2}x$	16
(4)	$xy = 128$	$y = 2x$	16
(5)	$xy = 128$	$y = 2x$	20

考え方 反比例のグラフ①と比例のグラフ②の式との交点の座標を求める問題です。

適用分野 構造力学，土木工学など

問題12の正解　(4)

 解説

長方形の縦の長さを x cm，横の長さを y cmとすれば面積が $128\,\text{cm}^2$ なので，
$\boxed{\text{A}}$ は $xy = 128$ となります。
縦の長さ x cmと横の長さの y cmの比が $1:2$ であることから $x:y = 1:2$ より，
$\boxed{\text{B}}$ は $y = 2x$ となります。

グラフ①は $xy = 128$，グラフ②は $y = 2x$ より，交点Pの x 座標が8なので
$\boxed{\text{C}}$ は，グラフ②より $y = 2 \times 8 = 16$ と求められます。

✓ ワンポイント

問題文で，「①と②のグラフの交点Pの x 座標は8とすると」と与えられていますが，グラフ①は，$xy = 128$，グラフ②は $y = 2x$ より，$y = 2x$ を最初の式 $xy = 128$ に代入すると，

$x \cdot 2x = 128$

$2x^2 = 128$，$x^2 = 64$より，$x = \pm 8$

$x > 0$より，$x = 8$と求めることができます。

問題文で与えられてなくても，交点Pの x 座標も求められるようにしてください。

問題
13

度数分布表からスマホ使用時間の階級は？

右の度数分布表は，Tさんのクラス40人の，ある1日のスマートフォンの使用時間について調べたものです。スマートフォンの使用時間が短いほうから数えて18番目の人は，どの階級に入っているか次から選びなさい。

スマートフォンの使用時間

階級（分）	度数（人）
0以上 ～15未満	4
15　～30	6
30　～45	8
45　～60	13
60　～75	7
75　～90	2
合計	40

（1）60分以上～75分未満

（2）45分以上～60分未満

（3）30分以上～45分未満

（4）15分以上～30分未満

（5）0分以上～15分未満

考え方 スマートフォンの使用時間の関する度数分布表の見方に関する基本問題。階級の幅は15分で，たとえば「15分以上30分未満」の人は6人いることを表しています。

適用分野 金融工学，生命保険数理　など

問題13の正解 （3）

解説

「0分以上15分未満」は4人，

「15分以上30分未満」は6人，

「30分以上45分未満」は8人，

ここまでで18人となり，18番目の人は，「30分以上45分未満」の階級に入っていることがわかります。

✅ **ワンポイント**

度数分布表からヒストグラム（柱状図）や度数折れ線，度数曲線を作成します。また，相対度数の求め方も理解しておいてください。

問題
14

2次関数の頂点の座標－野球の打球をイメージしよう！

2次関数 $y=-2x^2+8x-9$ のグラフの頂点の座標を次から選びなさい。

(1) $(-4, 7)$ 　　　(2) $(2, -1)$ 　　　(3) $(2, 1)$

(4) $(-2, -1)$ 　　(5) $(-2, 1)$

考え方　2次関数のグラフの頂点を求める基本的な問題です。$y=ax^2+bx+c$ から，$y=a(x-p)^2+q$ に変形すると，頂点の座標は，(p, q) となります。

適用分野　機械力学，人工知能（機械学習，深層学習）など

問題14の正解　(2)

 解説

$$y=-2x^2+8x-9$$
$$=-2(x^2-4x)-9$$
$$=-2(x^2-4x+4-4)-9$$
$$=-2(x-2)^2+8-9$$
$$=-2(x-2)^2-1$$

よって，頂点の座標は $(2, -1)$ となります。

✓ **ワンポイント**

$y=ax^2+bx+c$ を $y=a(x-p)^2+q$ に変形したとき，

　$a>0$ のとき，$x=p$ で最小値q

　$a<0$ のとき，$x=p$ で最大値q

をとります。

この変形操作を平方完成といい，確実に行えるようにしてください。

<table>
<tr><td>問題
15</td><td>さいころを3回続けて振って出る目の確率
1個のさいころを3回続けて振るとき，少なくとも1回は素数の目が出る
確率を求めなさい。</td></tr>
</table>

(1) $\dfrac{7}{8}$　　(2) $\dfrac{5}{8}$　　(3) $\dfrac{1}{8}$　　(4) $\dfrac{8}{27}$　　(5) $\dfrac{1}{72}$

考え方　素数の目は「2,3,5」の3通りです。

適用分野　金融工学，生命保険数理　など

問題15の正解　(1)

 解説

素数の目は「2,3,5」の3通りなので，

素数の目が出る確率は，$\dfrac{3}{6}=\dfrac{1}{2}$

素数の目が出ない確率は，$1-\dfrac{3}{6}=\dfrac{1}{2}$ なので

少なくとも1回は素数の目が出る確率は，

1 －（3回とも素数の目が出ない確率）

で求められます。

よって求める確率は，$1-\left(\dfrac{1}{2}\right)^3=\dfrac{7}{8}$

✓ **ワンポイント**

「少なくとも1回は素数の目が出る」の余事象は「3回とも素数の目が出ない」です。一般的に事象 A とその余事象 $\overline{A}$ に関する確率は，

$P(A)+P(\overline{A})=1$ より，$P(\overline{A})=1-P(A)$ となります。

問題
16

分母が一定の分数の大きさは？

分母が48の分数のうち，$\dfrac{3}{4}$ より大きく，$\dfrac{5}{6}$ より小さい分数は何個あるか次から選びなさい。

(1) 1個 　　　(2) 2個 　　　(3) 3個

(4) 4個 　　　(5) 5個

□ 考え方 $\dfrac{3}{4} < \dfrac{\Box}{48} < \dfrac{5}{6}$ を満たす□に入る数（自然数）はいくつあるかを考えましょう。

> 問題16の正解 　(3)

 解説

$\dfrac{3}{4} < \dfrac{\Box}{48} < \dfrac{5}{6}$ を満たす□に入る数（自然数）を求めます。

$\dfrac{3}{4} = \dfrac{36}{48}$，$\dfrac{5}{6} = \dfrac{40}{48}$ より，

上の不等式は $\dfrac{36}{48} < \dfrac{\Box}{48} < \dfrac{40}{48}$ となって

$36 < \Box < 40$

すなわち，□に入る自然数は，37, 38, 39 の3個で，

分数は $\dfrac{36}{48} < \dfrac{\Box}{48} < \dfrac{40}{48}$ の3個となります。

✓ ワンポイント

数量の関係を表す式には，等号 (＝) を使った「等式」と不等号 （＜ や ＞）を使った「不等式」があります。

問題 17	底辺が一定な三角形，高さと面積の関係は？

下の表は，底辺が8cmの三角形の高さを x cm，面積を y cm²としたときの x と y の関係を表したものです。

高さ x (cm)	1	2	3	4	5	6
面積 y (cm²)	4	8	12			

三角形の面積が**48cm²**のときの高さは何cmか次から選びなさい。

(1) 8cm   (2) 9cm   (3) 10cm

(4) 11cm   (5) 12cm

考え方	底辺が8cmと一定の三角形の面積と高さは比例の関係があります。

適用分野	構造力学，土木工学　など

問題17の正解	(5)

 解説

底辺が8cmの三角形の高さを x cm，面積を y cm²とすると，

$y = \dfrac{1}{2} \times 8 \times x$ より

$y = 4x$ の関係があります。

すなわち，面積 $y = 48$ cm²のときは，

$48 = 4x$ より，高さは $x = 12$ cmとなります。

✓ **ワンポイント**

三角形の高さ x と面積 y には比例の関係があるので，$y = ax$（a：比例定数）と表すことができます。

問題
18

燃費の一番良い車を選ぼう！

A，B，Cの3つの自動車があって，自動車Aは，5.5Lのガソリンで66km
走ることができます。

また自動車Bは，5Lのガソリンで65km走り，自動車Cは，6Lのガソリ
ンで63km走ることができます。ガソリン1Lあたり長く走ることができる
自動車を左から順に並べたものを次から選びなさい。

(1) A，B，C　　　(2) A，C，B　　　(3) B，C，A

(4) B，A，C　　　(5) C，A，B

考え方　3つの自動車 A, B, C に対してガソリン1L あたりの走ることのできる距離（走
行距離）を求めてみましょう。

適用分野　機械力学，応用化学　など

解説

ガソリン1Lあたりの走ることのできる距離（走行距離）を自動車A，B，Cで
それぞれ求めてみましょう。

自動車Aでは
　66km ÷ 5.5L = 12km／L　　　　☞　2番目
自動車Bでは
　65km ÷ 5L = 13km／L　　　　　☞　最も大きい
自走車Cでは
　63km ÷ 6L = 10.5km／L　　　　☞　最も小さい

以上より，自動車Bが燃費が最も良く，次に自動車A，
最後は自動車Cとなってて B，A，Cが正解となります。

 ワンポイント

この問題では，ガソリン1Lあたりの走行距離，いわゆる燃費を計算して燃費の
良い順に並べることになります。人口密度，速さなど「単位量当たりの大きさ」
で数量を比較する考え方は社会や日常生活でも非常に多く使われます。

問題
19

チャレンジ！横と縦にもある足し算パズル
いくつかの足し算の式を，縦と横につなぎ合わせます。右の図では，㋐＋㋑＝16，㋐＋㋒＝14など，6つの式がつながれています。

㋐から㋖までに，3から9までの整数を入れて，足し算の式になるようにします。ただし，同じ数は1回しか使えません。

㋐ ＋ ㋑ ＝ 16
＋　　＋
㋒ ＋ ㋓ ＋ ㋔ ＝ 14
‖　　＋　　＋
14　　㋕ ＋ ㋖ ＝ 12
　　　 ‖　　 ‖
　　　 17　　11

6が入るのは，㋐，㋑，㋒，㋓，㋔のうちどれか次から選びなさい。

(1) ㋐　　　　(2) ㋑　　　　(3) ㋒　　　　(4) ㋓　　　　(5) ㋔

考え方　㋐から㋖までに，3から9までの異なる整数が入るので一番上のたし算の㋐と㋑には，「9」と「7」が入ることがわかります。

問題19の正解　　(4)

解説

㋐と㋑には，「9」と「7」か，「7」と「9」の2つの場合を調べ，最終的に右図の数字が入ります。

つまり，㋓には6が入ります！

9 ＋ 7 ＝ 16
＋　　＋
5 ＋ **6** ＋ 3 ＝ 14
㋓↗　＋　　＋
4 ＋ 8 ＝ 12
‖　　‖
17　　11

✓ **ワンポイント**

㋐＋㋑＝16　より，㋐と㋑はそれぞれ「9」と「7」か，「7」と「9」の2つの場合が考えられます。しかし「7」と「9」とすると，㋐は7で，㋐＋㋒＝14より，㋒も7になって同じ数になるので，これは適切ではないことがわかります。

<table>
<tr><td>問題
20</td><td>**大きな指数でも計算は意外と。。。**
$(-1)^{2020} - (-1^{2021})$ の値を次から選びなさい。</td></tr>
</table>

(1) -2　　　(2) 2　　　(3) 1　　　(4) 0　　　(5) -4041

考え方 指数の値が大きいからといって，その数全体が大きくなると勘違いしないようにしてください。

例えば，$1^{1000} = 1$，　$(-1)^{1001} = -1$，　$-1^{1001} = -1$です。

適用分野 情報理論，情報工学，物理学（量子力学）など

問題20の正解　(2)

 解説

$(-1)^{2020}$ は，-1 を 2020 回かけたものです。2020 は偶数ですので $(-1)^{2020} = 1$ となります。

また，-1^{2021} は，1 を 2021 回かけたもの（つまり 1）に $-$ をつけた数で，$-1^{2021} = -1$です。

以上より，

$(-1)^{2020} - (-1^{2021}) = 1 - (-1) = 2$ となります。

✓ **ワンポイント**

負の数が偶数個の積の符号は正「＋」，奇数個の積の符号は負「－」になることに注意してください。

また，偶数と奇数の性質をまとめてパリティ（偶奇性）といいます。

データを送信するとき，パリティチェックとして誤りを検出・訂正する情報理論や，量子力学における波動関数の座標反転（パリティ変換）として対称性に関する理論体系などにも活用されています。

中学校数学の定番－文字式の計算は確実に！

$12x^2y^3 \div (-8x^4y^2) \times 2x^3$ を計算した式を次から選びなさい。

(1) $-3xy$　　　(2) $3xy$　　　(3) $3x^2y$　　　(4) $-\dfrac{1}{3}xy$　　　(5) $-\dfrac{3}{4}xy^2$

考え方　単項式の乗法と除法の混じった基本的な計算です。符号や指数の計算に注意してください。

問題21の正解	(1)

 解説

$12x^2y^3 \div (-8x^4y^2) \times 2x^3$

$= \dfrac{12x^2y^3}{-8x^4y^2} \times 2x^3$

$= -\dfrac{3y}{2x^2} \times 2x^3 = -3xy$

ワンポイント

係数どうしの計算，文字どうしの計算にわけて行います。割り算（除法）は分数の形で表して，約分を行ってください。

問題
22

2次方程式の2つの解の差を求めよう

2次方程式 $9x^2 - 10 = 0$ の2つの解を α, β とします。このとき，2つ解の差 $\alpha - \beta$ の値を次から選びなさい。ただし，$\alpha < \beta$ とします。

(1) $\dfrac{2\sqrt{10}}{3}$　(2) $-\dfrac{2\sqrt{10}}{3}$　(3) $\dfrac{\sqrt{10}}{3}$　(4) $-\dfrac{\sqrt{10}}{3}$　(5) $-\sqrt{10}$

考え方　2次方程式 $9x^2 - 10 = 0$ を正確に解いてください。また，$\alpha < \beta$ より，$\alpha - \beta$ は負の値になることに注意してください。

問題22の正解　(2)

 解説

$9x^2 - 10 = 0$

$9x^2 = 10$ より，$x^2 = \dfrac{10}{9}$，よって $x = \pm\dfrac{\sqrt{10}}{3}$

2つの解 α, β $(\alpha < \beta)$ は，$\alpha = -\dfrac{\sqrt{10}}{3}$，$\beta = \dfrac{\sqrt{10}}{3}$ と求められます。

よって，$\alpha - \beta = -\dfrac{2\sqrt{10}}{3}$

別approach

$9x^2 - 10 = 0$ より，$(3x + \sqrt{10})(3x - \sqrt{10}) = 0$ と因数分解しても解が求められます。

✓ **ワンポイント**

2次方程式 $ax^2 + bx + c = 0$ $(a \neq 0)$ の解の公式は，

$$x = \frac{-b \pm \sqrt{b^2 - 4ac}}{2a}$$

特に，xの係数が $2b'$ と偶数になれば，

$$x = \frac{-b' \pm \sqrt{b'^2 - ac}}{a}$$

となります。これも覚えておいた方がよいでしょう。

ただし，2次方程式によっては，因数分解できる場合もあり，比較的楽に解を求めることもできますので，むやみに解の公式は用いないように。

問題
23

平方根を含んだ3つの数の大小比較にトライ！

$\dfrac{7}{3}$, $\sqrt{5}$, $\sqrt{2}+\dfrac{1}{2}$ の3つの数を小さい順に左から並べたとき，正しいものを

次から選びなさい。

(1) $\sqrt{5}$, $\sqrt{2}+\dfrac{1}{2}$, $\dfrac{7}{3}$ 　　(2) $\sqrt{5}$, $\dfrac{7}{3}$, $\sqrt{2}+\dfrac{1}{2}$ 　　(3) $\dfrac{7}{3}$, $\sqrt{5}$, $\sqrt{2}+\dfrac{1}{2}$

(4) $\sqrt{2}+\dfrac{1}{2}$, $\dfrac{7}{3}$, $\sqrt{5}$ 　　(5) $\sqrt{2}+\dfrac{1}{2}$, $\sqrt{5}$, $\dfrac{7}{3}$

考え方 $\sqrt{2}=1.4142\cdots$，$\sqrt{5}=2.2360\cdots$ は覚えておいた方がよいでしょう。

解説

$\dfrac{7}{3}, \sqrt{5}, \sqrt{2}+\dfrac{1}{2}$ をそれぞれ小数で表してみましょう。

$\dfrac{7}{3} = 2.33\cdots$ 　　☜ 最も大きい

$\sqrt{5} = 2.2360\cdots$ 　　☜ 2番目に小さい

$\sqrt{2}+\dfrac{1}{2} = 1.4142\cdots+0.5 = 1.9142\cdots$ 　　☜ 最も小さい

以上より, $\sqrt{2}+\dfrac{1}{2} < \sqrt{5} < \dfrac{7}{3}$

(5) が正解となります。

別approach

計算量が多くなりますが, それぞれを2乗した値を比較してもよいでしょう。

$\dfrac{7}{3}$ を2乗 　　$\Rightarrow \dfrac{49}{9} = 5.44\cdots$ 　　☜ 最も大きい

$\sqrt{5}$ を2乗 　　$\Rightarrow 5$ 　　☜ 2番目に小さい

$\sqrt{2}+\dfrac{1}{2}$ を2乗 $\Rightarrow \left(\sqrt{2}+\dfrac{1}{2}\right)^2 = \dfrac{9}{4}+\sqrt{2} = 2.25+1.4142\cdots = 3.66\cdots$ ☜ 最も小さい

これからも, $\sqrt{2}+\dfrac{1}{2} < \sqrt{5} < \dfrac{7}{3}$

 ワンポイント

上記 別approach では, 以下の性質や公式を利用しています。

$a>0, b>0$ で, $\sqrt{a} < \sqrt{b}$ ならば, $a<b$

逆に, $0<a<b$ ならば, $\sqrt{a} < \sqrt{b}$ となります。

また, $(a+b)^2 = a^2 + 2ab + b^2$ を用いると,

$\left(\sqrt{2}+\dfrac{1}{2}\right)^2 = (\sqrt{2})^2 + 2\times\sqrt{2}\times\dfrac{1}{2} + \left(\dfrac{1}{2}\right)^2 = 2+\sqrt{2}+\dfrac{1}{4}$

$= \dfrac{9}{4}+\sqrt{2} = 2.25+1.4142\cdots = 3.66\cdots$

**問題
24**

比例は確実にマスターしよう！

y は x に比例し，$x = -3$ のとき $y = 15$ です。

$x = 7$ のとき，y の値を次から選びなさい。

(1) 35　　　(2) -35　　　(3) -42　　　(4) $\dfrac{45}{7}$　　　(5) $-\dfrac{45}{7}$

考え方　y は x に比例するので，$y = ax$ として比例定数 a の値を求めます。次に，この式に x の値を代入すれば y の値が求まります。

適用分野　機械力学，構造力学　など

問題24の正解　　(2)

解説

y は x に比例するので，$y = ax$ とおいて，

$x = -3$ のとき $y = 15$ より

$15 = -3a$，$a = -5$ が求まり，$y = -5x$ が得られます。

$x = 7$ を上式に代入すれば，$y = -5 \cdot 7 = -35$

✓ ワンポイント

反比例と勘違いしないようにしてください。もし y は x に反比例するならば，$xy = -45$ となって，$x = 7$ のとき，$y = -\dfrac{45}{7}$ となります。

| 問題 25 | 1次関数のグラフから傾きと切片を調べよう！右のグラフは1次関数 $y = ax + b$ を表します。 |

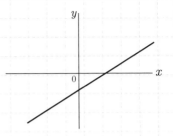

このとき，定数 a, b の符号や値が正しいものを次から選びなさい。

(1) $a < 0$, $\quad b < 0$ (2) $a < 0$, $\quad b > 0$ (3) $a > 0$, $\quad b > 0$

(4) $a > 0$, $\quad b < 0$ (5) $a > 0$, $\quad b = 0$

 考え方 1次関数 $y = ax + b$ の傾き a，切片 b の符号や値がグラフ上でどのような特徴があるかを考えましょう。

適用分野 統計学（線形回帰），OR（線形計画法）　など

| 問題25の正解 | (4) |

解説

グラフは右上がりなので，傾き $a > 0$ であることがわかります。

次に切片 b は，y 軸との交点の y 座標が負なので，$b < 0$ となります。

以上より，傾き $a > 0$，切片 $b < 0$ です。

✓ ワンポイント

1次関数 $y = ax + b$ は，項 ax と b の和ですが，それぞれ

ax は，x に比例する部分で，b は定数です。

また，$y = ax + b$ のグラフは，原点を通る直線 $y = ax$ のグラフを，y 軸方向に b だけ平行移動した直線になります。

すなわち，

$b > 0$ であれば，y 軸の正の方向に b だけ，

$b < 0$ であれば，y 軸の負の方向に $-b\,(> 0)$ だけ，

平行移動したものです。

問題
26

三平方の定理－直角三角形の斜辺と1辺から他の1辺を！

直角三角形の斜辺の長さを c cm，他の2辺の長さを a cm，b cmとします。

$a=15$，$c=17$ のとき，b の値を次から選びなさい。

(1) 6 　　(2) 7 　　(3) $5\sqrt{2}$ 　　(4) 8 　　(5) $\sqrt{514}$

■考え方 三平方の定理を活用してください。

適用分野 通信工学，人工知能（機械学習）など

問題26の正解 | (4)

解説

直角三角形の斜辺の長さを c cm，他の2辺の長さを a cm，b cmとしたとき，

三平方の定理 $a^2+b^2=c^2$ より，

$$b=\sqrt{c^2-a^2}=\sqrt{17^2-15^2}=\sqrt{289-225}=\sqrt{64}=8$$

が得られます。

なお，因数分解を用いれば，

$$\sqrt{17^2-15^2}=\sqrt{(17+15)(17-15)}=\sqrt{32\times2}=\sqrt{64}=8$$

と比較的楽な計算で求めることができます。

✓ ワンポイント

◎GPSを活用した位置測定（測位）は三平方の定理を活用しています。

◎AI（機械学習）において情報を特徴量で表したとき，互いの類似性を図る基準
として，ユークリッド距離として活用されます。

いま，2個の情報A,Bを $A(x_1,y_1)$, $B(x_2,y_2)$ と2次元の特徴量（特徴ベクトル）
で表した場合，2情報AB間のユークリッド距離は，$AB=\sqrt{(x_1-x_2)^2+(y_1-y_2)^2}$
で，これが小さいほど情報AとB間の類似性が高いと考えます。

問題 27

関数である2つの変量はどれ？

ともなって変わる2つの変量 x, y があって，x の値を決めると，それに対応して y の値がただ1つ決まるとき，y は x の関数といいます。下に①から⑥まで，6組の2つの変量 x, y があります。

① 1000円もって，1冊 a 円のノートを x 冊買ったときのおつりは y 円です。

② 底辺が a cm，高さが x cmである三角形の面積は y cm²です。

③ 気温が x ℃のとき，降水量は y mmです。

④ あるクラス30人の生徒のうち，欠席者が x 人のとき，出席者は y 人です。

⑤ 燃料1Lで a km走る自動車が，x Lの燃料で y km走ります。

⑥ 1辺の長さが x cmのひし形の面積を y cm²とします。

6組の2つの変量 x, y のうちで，y は x の関数といえないものはいくつあるか次から選びなさい。

(1) 1個　　　(2) 2個　　　(3) 3個　　　(4) 4個　　　(5) 5個

考え方　問題文にも説明があるように，y は x の関数と言えるのは，x の値を決めると，それに対応して y の値がただ1つ決まります。1つの x の値に対して，y の値が決まらなかったり，y の値が2個以上（複数個）だったりする場合は，関数とはいいません。y が x の関数といえるのは，$y = 3x$ のように数式で表せる場合です。

問題は，y が x の関数といえないものがいくつあるかをきいており，注意してください！

解説

① $y = 1000 - ax$ と表せるので，関数です　　　　☞ **1次関数**

② $y = \dfrac{a}{2}x$ と表せるので，関数です　　　　☞ **比例**

③ 降水量は気温だけでは決まらないので，関数ではない ☞ **関数でない**

④ $y = 30 - x$ と表せるので，関数です　　　　☞ **1次関数**

⑤ $y = ax$ と表せるので，関数です　　　　☞ **比例**

⑥ やや難しい問題です。ひし形の面積は，（対角線×対角線）÷2で求めることができるが，1辺の長さから対角線の長さは決まらないので，関数ではありません　　　　☞ **関数でない**

以上より，関数といえないものは，③と⑥の2個です。

✓ ワンポイント

⑥を補足しましょう。

対角線の長さが l_1, l_2 のひし形の面積 y は，$y = \dfrac{l_1 \times l_2}{2}$ で計算できます。

ひし形の右上半分，すなわち斜辺の長さ x の直角三角形を右に移してみましょう。三平方の定理より，斜辺の長さ x を1つに決めても，他の2辺 $\dfrac{l_1}{2}, \dfrac{l_2}{2}$ は1つに決まらず，ひし形の面積 $y = \dfrac{l_1 \times l_2}{2}$ も1つには決まりません。

つまり，ひし形の面積 y は1辺の長さ x の関数にならないのです。

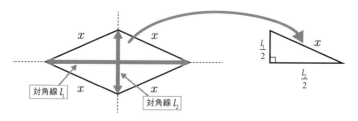

さらに補足しますと，直角三角形の斜辺の長さを c，直角をはさむ2辺の長さを a, b とすれば，三平方の定理は $c^2 = a^2 + b^2$ で表されます。

例えば，$c = 3$ のとき，$(a, b) = (1, 2\sqrt{2}), (\sqrt{2}, \sqrt{7}), (\sqrt{3}, \sqrt{6})$，…となって，$a, b$ の長さは1つに決まりません。

色が異なる球が入っている袋から球を取り出す確率

袋の中に，赤球**5**個，白球**3**個，青球**2**個が入っています。

この袋の中から球を**1**個取り出すとき，取り出した球が青球でない確率を

次から選びなさい。

(1) $\dfrac{1}{5}$　　(2) $\dfrac{1}{2}$　　(3) $\dfrac{3}{5}$　　(4) $\dfrac{7}{10}$　　(5) $\dfrac{4}{5}$

■考え方　確率の基本的な問題です。青球でないのは赤球 5 個，白球 3 個の計 8 個です。

適用分野　金融工学，生命保険数理　など

問題28の正解　(5)

解説

赤球5個，白球3個，青球2個の計10個の球から1個取り出すのは

$10\,(=\,{}_{10}\mathrm{C}_1)$通り

取り出した1個の球が青球でないのは，赤球5個，白球3個から

$5+3=8$通り

よって，求める確率は，$\dfrac{8}{10}=\dfrac{4}{5}$

✓ ワンポイント

起こり得るすべての場合が N 通りあって，そのうちある事象 A の起こる場合が

a 通りあるとき，

　　事象 A の起こる確率 $=\dfrac{a}{N}$

と求めることができます。

問題 **29**	三角比の重要定理のひとつ—余弦定理を使いこなそう！

$\triangle$ABCにおいて，AB $= 5$，AC $= \sqrt{7}$，$\cos A = \dfrac{2}{\sqrt{7}}$ であるとき，BCの長さを次から選びなさい。

(1) 4　　　(2) 5　　　(3) $\sqrt{22}$　　　(4) $\dfrac{2}{3}\sqrt{3}$　　　(5) $2\sqrt{3}$

考え方　BCの長さは余弦定理を用いて求めましょう。

適用分野　土木工学（測量），GPS（測位）など

問題29の正解	(5)

解説

$$BC^2 = 5^2 + (\sqrt{7})^2 - 2 \cdot 5 \cdot \sqrt{7} \cdot \frac{2}{\sqrt{7}} = 25 + 7 - 20 = 12$$

よって，BC $= 2\sqrt{3}$ が得られます。

✅ **ワンポイント**

下図で余弦定理は，$a^2 = b^2 + c^2 - 2bc\cos A$ のように表せます。

$A = 90°$ のとき，$\cos A = 0$ より，$a^2 = b^2 + c^2$ となって
これは三平方の定理を表します。

$A = 180°$ のとき，$\cos A = -1$ より
$a^2 = b^2 + c^2 + 2bc = (b+c)^2$ となって
$a > 0, b > 0, c > 0$ より，$a = b + c$ になります。

これは，三角形が上から押しつぶされた状態を表します。

（※）$a^2 = b^2 + c^2 - bc\cos A$ と誤って覚えてはいけません。この場合，$A = 180°$ の $\cos A = -1$ を代入すれば，$a^2 = b^2 + c^2 + bc$ となって，$a = b + c$ にはなりません。

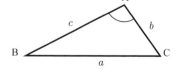

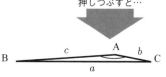

押しつぶすと…

データ分析の代表値－平均値と分散を求めよう！

下の5つのデータ

5, 7, 9, 4, 10

の平均値 E と分散 V を求め，これらの値の組 (E, V) を次から選びなさい。

(1) (5.5, 5.2)　　　(2) (5.5, 5)　　　(3) (6, 4.8)

(4) (6, 5)　　　(5) (7, 5.2)

考え方 平均値と分散は定義を正確に理解して，計算してください。

適用分野 計量経済学，金融工学　など

問題30の正解　(5)

 解説

$$平均値\ E = \frac{1}{5}(5+7+9+4+10) = \frac{35}{5} = 7$$

$$分散\ V = \frac{(5-7)^2+(7-7)^2+(9-7)^2+(4-7)^2+(10-7)^2}{5}$$

$$= \frac{4+0+4+9+9}{5}$$

$$= \frac{26}{5}$$

$$= 5.2$$

別approach

$$分散\ V = \frac{1}{5}(5^2+7^2+9^2+4^2+10^2) - 7^2$$

$$= \frac{1}{5}(5^2+7^2+9^2+4^2+10^2) - 49 = \frac{1}{5} \times 271 - 49 = 5.2$$

でも求めることができます。

✅ **ワンポイント**

平均値Eはデータの代表値，分散Vはデータの散らばりを表します。

N個のデータ $x_1, x_2, \cdots, x_N$ に対して，平均値Eと分散Vを求めると，

　平均値 $E = \dfrac{1}{N}(x_1 + x_2 + \cdots + x_N)$

　　なお，$E = \dfrac{1}{N}\displaystyle\sum_{i=1}^{N} x_i$ とも表記できます。

　また，分散 $V = \dfrac{1}{N}\{(x_1 - E)^2 + (x_2 - E)^2 + \cdots + (x_N - E)^2\}$

　　分散Vを変形・整理すれば，

$$V = \frac{1}{N}(x_1^2 + x_2^2 + \cdots + x_N^2) - E^2 = \frac{1}{N}\sum_{i=1}^{N} x_i^2 - E^2$$

となって，この式で分散を計算した方が比較的楽でしょう。

実は日常で使われているデータ分析

ブログやSNSをはじめとしたインターネットの普及で，誰もが様々な情報を受発信しています。また，パソコンやスマートフォンの性能向上により，解像度の高い写真や動画データの加工編集なども個人が容易に行えるようになりました。そうして発信した様々な情報へのアクセス数や「いいね」の数などは，「ユーザーからの反響」という新たな情報として収集，蓄積されます。

このように，私たちはデータをたやすく加工し，多くの情報を発信し，様々なデータを収集するのが当たり前になっています。誰もが手軽にデータを扱っている時代なのです。

一方で，「データを分析する」ことは，高度な技術が必要で少しハードルが高いと考える人が多いのではないでしょうか。ここで，仕事の現場を想像してみましょう。アンケートを実施して結果を上司に報告する，という作業はどの業界にもある仕事で，読者のなかにも経験した方はいるでしょう。これは「データを収集して分析する」業務の1つです。

また，チームで仕事を進める際には，メンバーの進捗状況を管理する必要があります。これも，進捗状況というデータから情報を読み取り，指示につなげる「データ分析」業務です。

どちらの場合も，それほど高度な分析は必要なく，業務を遂行できるはずです。データ分析というと大げさに聞こえるかもしれませんが，実際，多くの人は経験しているのです。

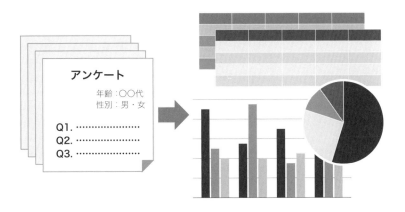

　仕事を離れて，テレビでプロ野球を見ている状況を考えてみましょう。テレビの解説や字幕テロップでは，打率や本塁打数，打点など打者についてのデータだけでなく，投球回数や防御率など投手についてのデータが紹介されます。そのほかにも様々なデータが与えられ，私たちはそのデータをもとに試合の行方を予測しながら楽しんでいます。

　このときに与えられるのはあくまでもデータであり，それをどう解釈するかは視聴者の自由です。「この投手からは打てそうだ」「最近調子が悪いな」など，様々な感想を持ちますが，その裏側にはデータがあります。そして，選手自身も，過去の対戦結果などを考え，それを次の対戦に生かしています。細かなデータ分析はしていないかもしれませんが，何かしらのデータを使って戦略を練り対策を講じていることは確かでしょう。

　私たちはすでに多くのデータに触れ，自然と分析し，その情報をもとに意思決定や行動決定をしているのです。

データサイエンスで求められるスキル

　ツールを使ってデータを分析する力があっても，分析結果を相手に伝える能力と，その結果をビジネスに生かす能力がないと活用することができません。

　まずは「伝える能力」です。相手に伝えるためにグラフなどで表現する方法もありますが，毎回手作業でグラフ化するのは面倒です。そこで，手作業に相当する部分をプログラムとして実装し，アプリケーションやサービスとして提供すれば，手作業をすることなくグラフ化などができ，データ分析結果を人に伝えやすくなります。

　このようなアプリケーションやサービスを実現するには，プログラミン能力があるだけでは不十分で，データ分析の基礎知識がないと実装するのは難しいでしょう。業務アプリケーションを作るときに業務知識が必要なように，データ分析結果を伝えるにはデータ分析の知識が求められます。データ分析結果を人に伝えるには，データについての洞察力が必要です。プロ野球のデータの場合，打率や防御率が何を意味するのか，どうやって求められるのかを知っておかないと，分析結果を伝えることなどできるはずがありません。

　次に「ビジネスに生かす能力」です。データ分析結果を意味のある形にするアプリケーションやサービスに実装できたとしても，それだけでは何も変わりません，実務において，分析結果から得たことを実際の対象に反映しなければ意味がないのです。ここでは，ビジネス面での利用者の視点が求められます。

　これらの力は，図のような「データサイエンティストに必要なスキル」として取り上げられることが多く，幅広い知識が求められていることが分かります。

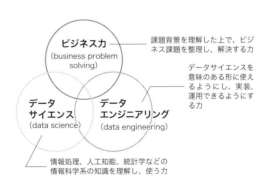

出典：データサイエンティスト協会プレスリリース（2014.12.10）
http://www.datascientist.or.jp/news/2014/pdf/1210.pdf

第2章

ジャンル②

機械学習・深層学習の
数学的理論の理解

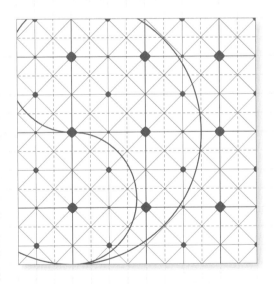

データサイエンス
数学ストラテジスト | 中級

INTRODUCTION イントロダクション

機械学習・深層学習の数学的理論の理解(ジャンル②) はなぜ必要か?

　デジタル化が進み，業務上の判断は長年の業務経験から蓄積データに基づいた分析に移行しています。データを活用し，AIと一緒に仕事をするには，機械学習の基本やニューラルネットワークの原理などを押さえておくことが重要です。

　本ジャンルでは，データ分析・AIの核となる機械学習・深層学習をメインテーマとして取り扱います。

　基礎理論では，ネットショッピングの商品レコメンド機能でも活用されている距離・相関性による類似度について，また，データ分析の精度を高めるために，誤差を限りなく小さく抑えるための損失関数についても取り扱います。

　機械学習分野では，教師あり学習（正解を与えた状態で学習させる手法）の回帰（連続値を扱い，過去から未来にかけての値やトレンドを予測），分類（あるデータがどのクラス（グループ）に属するかを予測）や，教師なし学習（正解を与えない状態で学習させる手法）のクラスタリング（類似性の高い性質を持つものを集め，後から意味づけを行う）を主として，各データの学習・分析・評価技法に役立つような数学的理論を学びます。

　深層学習では，パーセプトロン（人間の脳神経回路を真似た単純学習モデル）の考え方から，多層に組み合わせたニューラルネットワーク，さらに，画像認識に強い畳み込みニューラルネットワーク（CNN）についても触れます。

※上記は，あくまで中・上級資格全般を示しており，本書の問題は，その一部を取り上げています。

中級　出題範囲

以下の学習分野かつ中学校数学＋数学Ⅰ・Ａ範囲での数学的理論

- 基礎理論 …… 機械学習，深層学習に役立つ基礎的理論
  距離・相関性による類似度，活性化関数，損失関数，最小二乗法 など
- 機械学習 …… データサイエンス戦略・施策に必要な機械学習の基礎
  教師あり学習：回帰(回帰直線)，分類(線形識別，混同行列) など
  教師なし学習：クラスタリング，次元削減 など
  関連研究分野：自然言語処理，データマイニング など
- 深層学習 …… データサイエンス戦略・施策に必要な深層学習の基礎
  ニューラルネットワークの原理，勾配降下法，
  畳み込みニューラルネットワーク（CNN）など

上級　出題範囲

＜**中級 出題範囲**＞の学習分野に加え，数学Ⅱ・Ｂ以上の数学も用いた数学的理論
＜**中級 出題範囲**＞記載の基礎理論，機械学習，深層学習の範囲にて，偏微分や数列，対数関数，ベクトル，行列等も多分に用いた，より実践的または複雑な理論

問題
31

5つの点を近似する回帰直線を求めよう！

	1	2	3	4	5
x	1	3	5	7	10
y	20	61	50	80	100

上の表に**5組**の (x, y) の値を示します。y を x の回帰直線（データの分布傾向を表す直線）で近似したとき，正しいものを次から選びなさい。

(1) $y = 4x + 60$　　　　(2) $y = 8x + 20$

(3) $y = 8x$　　　　　　(4) $y = 8x - 20$

(5) $y = -8x$

考え方　5組の (x, y) を xy 平面上に実際に置いてみると，直線の式（$y = ax + b$ の1次関数）が見えてきます。

問題31の正解 | (2)

解説

5組の (x, y) の値から回帰直線の式を選ばせる線形回帰の問題です。5組の (x, y) を xy 平面上に配置し，選択肢に近い直線を選びます。1次関数の傾きが正で，切片が0より大きい直線はある程度絞れます。※あくまで近似した直線（1次関数）のため，直接 x に値を代入しても必ずしも y の値と一致しないことに注意！

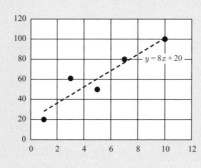

<table>
<tr><td>問題
32</td><td>人工ニューロン（脳神経細胞の簡易モデル）の出力値を求めよう！</td></tr>
</table>

下の図にパーセプトロンの例を示します。パーセプトロンとは，人間の脳神経回路を真似た人工ニューロンの一種であり，入力値と重みの内積（掛け合わせ）とバイアスの和で計算し，（実際には所定の関数を経て）値を出力する学習モデルのことです。

この例では，2つの入力値 x_1, x_2に対して，重みw_1, w_2とバイアスbによって計算処理 $w_1 x_1 + w_2 x_2 + b$ が行われるところを示しています。最終的には，$y = 0$ or 1 を出力します。

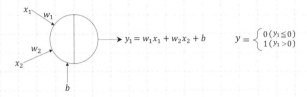

入力値は $x_1 = 1$，$x_2 = -1$，重みは $w_1 = 0.8$，$w_2 = -0.4$，バイアスを $b = -1$ としたとき，計算値y_1の値を次から選びなさい。

(1) 0.2 　　 (2) 0.4 　　 (3) 0.5 　　 (4) 0.7 　　 (5) 0.9

考え方 問題文の計算式に各値を代入してみましょう。

問題32の正解 | (1)

解説

問題文の式に各値を代入することで，解答が得られます。
$$y_1 = w_1 x_1 + w_2 x_2 + b$$
$$= 0.8 \times 1 + (-0.4) \times (-1) + (-1) = 0.8 + 0.4 - 1 = 0.2$$

最終的には，$y_1 > 0$ より $y = 1$ となり，このパーセプトロンは1を出力します。本問のモデルは，単層パーセプトロンと呼ばれ，本モデルだけでは解決できない問題が存在しますが，多層に重ねて多層パーセプトロン（いわゆるニューラルネットワーク）とすることで，解決の幅が広がります。

<table>
問題
33
</table>

kNN法でデータがどこに属するかを判定！

kNN（k近傍）法は，あるデータが属する
クラス（属性。グループのようなもの）を，
最も距離が近いデータから順にk個調べて，
（　①　）により判定するアルゴリズムです。
例えば右の図では，クラスが未知の●の
データは，k=3の場合，（　②　）に属すると
判定され，k=5の場合では，（　③　）に属す
ると判定されます。

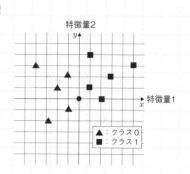

上の文の（　　　）内の　①，②，③に当てはまる選択肢を選びなさい。

	①	②	③
（1）	報酬	クラス0	クラス0
（2）	多数決	クラス0	クラス1
（3）	多数決	クラス1	クラス0
（4）	平均	クラス0	クラス1
（5）	平均	クラス1	クラス0

考え方　①がわかれば，②③はそのルールに従って判定することで，おのずと解答を導くことができます。

問題33の正解　　（3）

解説

kNN（k近傍）法は，あるデータが属するクラ
スを，最も距離が近いデータから順にk個調べ
て，多数決により判定するアルゴリズムです。
右の図のように，k=3ではクラス0が1個，ク
ラス1が2個なので，●はクラス1に分類され
ます。k=5ではクラス0が3個，クラス1が2個
なので，●はクラス0に分類されます。

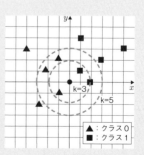

検査の性能指標の1つである真陽性率を求めよう！

X症候群という新型の疾患が見つかり，新たに開発された検査キットの性能を評価したところ，下の表に示す検査結果が得られました。例えば，罹患者120人に対して検査を行ったところ，「陽性」と正しく判別された人が108人，誤って「陰性」と判別された人が12人いたことを示します。

（人）

	検査結果		計
	陽性	陰性	
罹患者	108	12	120
非罹患者	32	130	162
計	140	142	282

上記は，いわゆる混同行列と呼ばれますが，真陽性率（罹患者を正しく陽性と判別した割合）の値を次から選びなさい。

（1）0.383　　　（2）0.426　　　（3）0.771　　　（4）0.844　　　（5）0.9

考え方　混同行列とは，真の値と予測値の分類を縦横のマトリックス表としてまとめたものです。真陽性率とは，再現率とも呼ばれ，本問では，罹患者のうち正しく陽性と判別された人の割合が当てはまります。

解説

合格・不合格，Yes・No等の2値分類問題において，真の値と予測値の分類を縦横にまとめたマトリックス表を混同行列といいます。真陽性率（再現率）とは，罹患者を正しく陽性と判別した割合であり，下の表に示す通り，$(\frac{108}{108+12}=)\frac{108}{120}=0.9$と計算できます。

混同行列に登場する各用語の意味は，次のとおりです。

		予測値	
		Yes（陽性）	No（陰性）
真の値 （正解値）	Yes	真陽性 (**T**rue **P**ositive)	偽陰性 (**F**alse **N**egative)
	No	偽陽性 (**F**alse **P**ositive)	真陰性 (**T**rue **N**egative)

真陽性率（再現率） $\dfrac{TP}{TP+FN}$

適合率 $\dfrac{TP}{TP+FP}$ 　　　正解率 $\dfrac{TP+TN}{TP+FN+FP+TN}$

- 真陽性（True Positive）：真の値がYesのデータを正しくYes（陽性）と判別した数。本問では，罹患者を正しく陽性と判別した数。
- 偽陰性（False Negative）：真の値がYesのデータを誤ってNo（陰性）と判別した数。本問では，罹患者を誤って陰性と判別した数。
- 偽陽性（False Positive）：真の値がNoのデータを誤ってYes（陽性）と判別した数。本問では，非罹患者を誤って陽性と判別した数。
- 真陰性（True Negative）：真の値がNoのデータを正しくNo（陰性）と判別した数。本問では，非罹患者を正しく陰性と判別した数。

適合率とは，陽性と判別した数のうち，実際に罹患している割合であり，$\frac{108}{140}≒0.771$と計算できます。

正解率とは，全対象者において，陽性，陰性を正しく判別した割合であり，$\frac{108+130}{282}≒0.844$と計算できます。

問題
35

多数のデータを要約し，特徴を把握するための強力なツール主成分分析

右の図に示した5個のデータに対して主成分分析（多変数を少数項目に置き換え，データを解釈しやすくする手法）を行いました。第1主成分（データの分散が最大となるような軸）と第2主成分（第1主成分と直交し，分散が最大となる軸）の2つの軸を表した図として適切なものを次から選びなさい。

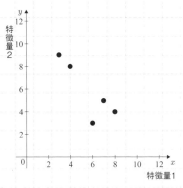

(1)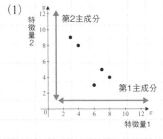

(2)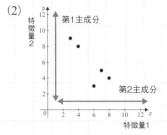

(3)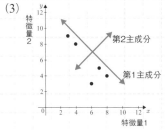

(4)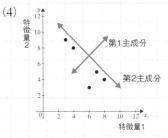

(5)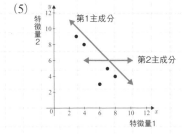

考え方 第1主成分（データの分散が最大となるような軸）が決まれば，第2主成分（第1主成分と直交し，分散が最大となる軸）はおのずと決まります。

問題35の正解　（3）

 解説

主成分分析とは，多くの変数を少数（1〜3程度）の項目に置き換え，データを解釈しやすくする手法です。

第1主成分（データの分散が最大となるような軸）と第2主成分（第1主成分と直交し，分散が最大となる軸）の2つの軸に注目すれば，（3）が正解といえます。

<table>
<tr><td>問題
36</td><td>**2つのクラスを分類する直線はどれか?**
右の図は,特徴量(特徴を数値化したもの)
をクラス1(●)とクラス2(▲)に分けて配
置したものです。クラス1とクラス2に分類
する直線の式を次から選びなさい。</td></tr>
</table>

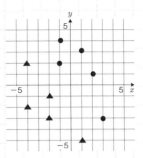

(1) $y = x$ (2) $y = 2x - 1$

(3) $y = -\dfrac{3}{2}x - \dfrac{3}{2}$ (4) $y = -\dfrac{3}{2}x - 5$

(5) $y = -x + 2$

考え方 特徴量とは,対象の特徴を数値化したものを指します。人間を例にとると,身長や体重,年齢等がこれにあたります。本問では,(1) ~ (5) の直線をグラフ上に引くことで,解答を導くことができます。

<table><tr><td>問題36の正解</td><td>(3)</td></tr></table>

解説

(1) ~ (5) の直線は右のようになり,(3) の直線がクラス1とクラス2を適切に分類しており,正解といえます。

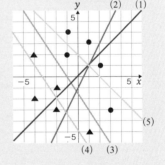

✓ **ワンポイント** 響きが紛らわしいクラスとクラスタについて

クラスとは,人間が事前に決めておくグループであり,初めから各グループは意味付けされています。クラス分類は,教師あり学習に位置づけられます。

クラスタとは,類似しているものを集めた結果としてできるグループであり,各グループの意味は後から解釈します。クラスタを作成するクラスタリングは,教師なし学習に位置づけられます。

問題
37

人工ニューロンの出力関数の1つである ReLU のグラフとは？

人工ニューロンにおいて，出力値を決定する活性化関数の1つである

ReLU（Rectified Linear Unit：正規化線形関数とも呼ばれる）

$$y = \max(x, 0)$$

のグラフを選びなさい。ここで，**max** 関数とは，

$$\max(a, b) = \begin{cases} a \quad (a \geqq b \text{ のとき}) \\ b \quad (a < b \text{ のとき}) \end{cases}$$

を表します。

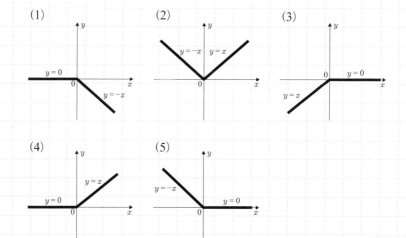

(1)

(2)

(3)

(4)

(5)

考え方　$x \geqq 0$ のときと，$x < 0$ のときに分けて，$y = \max(x, 0)$ のグラフを考えてみましょう。

解説

$y = \max(x, 0)$は，$x \geqq 0$のとき$y = x$，$x < 0$のとき$y = 0$と表すことができるため，グラフに表すと以下の通りになります。

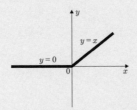

活性化関数にはいくつか種類がありますが，今回のReLUは，入力値の計算結果が負の場合は常に0を，計算結果が正の場合はそのままの値を出力します。すなわち，計算結果が正の場合のみ、そのまま変換せずに出力したい場合に使用されます。

問題 38

k-means法の処理ステップを確認しよう！

教師なし学習の代表例として（①）がありますが，その手法のひとつとしてk-means法（k平均法）が挙げられます。k-means法は，次のようなステップで行われます。

1. クラスタ数をあらかじめk個に設定し，各クラスタの中心となる点をランダムに与える。中心点をもとに各点にクラスタを割り当てる。
2. 各クラスタに割り当てられた点について，（②）を計算する。
3. 各点について，2で計算した（②）からの距離を計算し，（③）に再度割り当てを行う。
4. 割り当てられるクラスタが変化しなくなるまで，2と3を繰り返す。

上の文の（　　）内に入る①，②，③の正しい組合せを次から選びなさい。

	①	②	③
(1)	分類	垂心	距離の分散が最も大きいクラスタ
(2)	回帰	内心	距離が最も近いクラスタ
(3)	回帰	内心	距離が最も遠いクラスタ
(4)	クラスタリング	重心	距離が最も近いクラスタ
(5)	クラスタリング	重心	距離が最も遠いクラスタ

考え方 回帰と分類は，教師あり学習の代表例ですので，選択肢を絞り込むことができます。

解説

　クラスタリングは，教師なし学習の代表例であり，その手法のひとつとして
k-means法（k平均法）があります。k-means法は，以下のステップで行われ
ます。
1. クラスタ数をあらかじめk個に設定し，各クラスタの中心となる点をラン
　ダムに与える。中心点をもとに各点にクラスタを割り当てる。
2. 各クラスタに割り当てられた点について，重心を計算する。
3. 各点について，2で計算した重心からの距離を計算し，距離が最も近いク
　ラスタに再度割り当てを行う。
4. 割り当てられるクラスタが変化しなくなるまで，2と3を繰り返す。

問題
39

畳み込み演算で画像データから特徴を抽出！

下の図のように（**A**）画像データに対し，以下の（**B**）フィルタをかけて特徴を抽出する畳み込み演算を行ったところ，右の（**C**）特徴マップ（抽出された特徴データの並び）が得られました。なお，ストライド（フィルタをずらしていく際の移動距離）は**2**とします。

（A）画像データ

0	2	4	0	2	⋯
1	3	5	1	3	⋯
3	5	1	3	5	⋯
0	4	2	0	4	⋯
1	5	3	1	5	⋯
⋮	⋮	⋮	⋮	⋮	⋱

（B）フィルタ

0	0.1	0.2
0.1	0.2	0
0.2	0	0.1

（C）特徴マップ

2.4	(X)
2.0	2.6

（**C**）特徴マップの（**X**）に入る正しい値を次から選びなさい。

(1) 1.8 　　　(2) 2.8 　　　(3) 3.0 　　　(4) 3.2 　　　(5) 3.6

考え方　特徴マップの左上の値は，$0×0＋2×0.1＋4×0.2＋1×0.1＋3×0.2＋5×0＋3×0.2＋5×0＋1×0.1 ＝ 0.2＋0.8＋0.1＋0.6＋0.6＋0.1 ＝ 2.4$ と計算できます。特徴マップの右上の（X）の値は，今回ストライドが2であるため，$4×0＋0×0.1＋⋯$ の順に計算していきます。

解説

特徴マップの各値は，以下のように計算できます。

左上 　　: $0 \times 0 + 2 \times 0.1 + 4 \times 0.2 + 1 \times 0.1 + 3 \times 0.2 + 5 \times 0 + 3 \times 0.2$
　　　　　　$+ 5 \times 0 + 1 \times 0.1$
　　　　　$= 0.2 + 0.8 + 0.1 + 0.6 + 0.6 + 0.1 = 2.4$

右上（X）: $4 \times 0 + 0 \times 0.1 + 2 \times 0.2 + 5 \times 0.1 + 1 \times 0.2 + 3 \times 0 + 1 \times 0.2$
　　　　　　$+ 3 \times 0 + 5 \times 0.1$
　　　　　$= 0.4 + 0.5 + 0.2 + 0.2 + 0.5 = 1.8$

左下 　　: $3 \times 0 + 5 \times 0.1 + 1 \times 0.2 + 0 \times 0.1 + 4 \times 0.2 + 2 \times 0 + 1 \times 0.2$
　　　　　　$+ 5 \times 0 + 3 \times 0.1$
　　　　　$= 0.5 + 0.2 + 0.8 + 0.2 + 0.3 = 2.0$

右下 　　: $1 \times 0 + 3 \times 0.1 + 5 \times 0.2 + 2 \times 0.1 + 0 \times 0.2 + 4 \times 0 + 3 \times 0.2$
　　　　　　$+ 1 \times 0 + 5 \times 0.1$
　　　　　$= 0.3 + 1 + 0.2 + 0.6 + 0.5 = 2.6$

問題
40

2人のテストの類似度を求めよう！

AさんとBさんの国語, 数学, 英語3教科の期末テストの点数を（国語の点数, 数学の点数, 英語の点数）で表すと, Aさんは (65, 95, 70), Bさんは (85, 55, 90) でした。AさんとBさんの3教科のコサイン類似度を次から選びなさい。

コサイン類似度とは, ベクトルどうしの成す角度で類似度を表す指標であり, 2つのデータ (a_1, a_2, a_3), (b_1, b_2, b_3), のコサイン類似度は, $\dfrac{a_1 b_1 + a_2 b_2 + a_3 b_3}{\sqrt{a_1{}^2 + a_2{}^2 + a_3{}^2} \cdot \sqrt{b_1{}^2 + b_2{}^2 + b_3{}^2}}$ を用いて計算します。

(1) 0.873　　(2) 0.901　　(3) 0.934

(4) 0.965　　(5) 0.981

考え方　コサイン類似度は, 1に近ければ類似度が高く, −1に近ければ類似度が低いことを示します。

問題40の正解　　(3)

解説

本問のコサイン類似度は, $\dfrac{65 \cdot 85 + 95 \cdot 55 + 70 \cdot 90}{\sqrt{65^2 + 95^2 + 70^2} \cdot \sqrt{85^2 + 55^2 + 90^2}} = \dfrac{17050}{\sqrt{18150} \cdot \sqrt{18350}} \fallingdotseq 0.934$ と計算でき, 類似度は高いと言えます。

なお, 使った計算式の一部を以下に示します。

$65^2 + 95^2 + 70^2 = 4225 + 9025 + 4900 = 18150$

$85^2 + 55^2 + 90^2 = 7225 + 3025 + 8100 = 18350$

$\sqrt{18150} \cdot \sqrt{18350} \fallingdotseq \sqrt{3.3305 \times 10^8} \fallingdotseq 18250$

人工知能と確率・統計の関係とは？

　現在の人工知能は決して万能ではありませんが，特定の領域では人間を超える成果を残しています。すでに画像認識や音声認識などの分野では，身近なところで当たり前のように使われています。

　では，そうした人工知能はどのような技術から成り立っているのでしょうか。人工知能に関わる技術を分類すると図1のようになります。中核にあるのは「機械学習」で，実はこの技術，確率・統計と深い関係にあります。

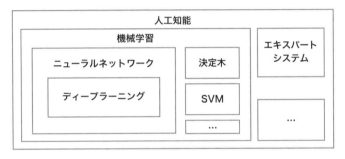

図1 人工知能に関わる技術

　機械学習の基本的な考え方は，とにかく大量のデータを用意し，それらをコンピューターに自動的に学習させようというものです。学習には「教師あり学習」「教師なし学習」「強化学習」という3つの方法があります。

　教師あり学習とは，正解となるデータが与えられており，そのデータに近い結果が得られるように学習する方法で，予測や分類などに使われます。教師あり学習の代表的な手法として，「回帰分析」や「決定木」などがあります。これらは確率・統計です。

　教師なし学習では正解が与えられず，与えられたデータの特徴を捉えてグループに分けます。ただし，グループ分けしたものが何なのかを示す名前はありません。教師なし学習の代表的な例として，「k-平均法」などによるクラスタリングやアソシエーション分析などがあります。これも確率・統計です。

　強化学習は行動に対して報酬を与え，その報酬が最大となるような行動を試行錯誤しながら身につけるという方法です。囲碁や将棋のように，指した手が

良いかどうかは分からないけれど，結果として勝ったのであれば良い手だと判断するのです。

　機械学習で常に起こる問題は，学習対象のデータに誤りやノイズ，欠損値などが存在することです。つまり，入力データにはゴミが入るので，正しくない結果が得られることをある程度許容し，欲しい結果が高い確率で得られるモデルを考える必要があるのです。

　ここに統計学の考え方が登場します。統計学には，推測統計や記述統計，ベイズ統計があります。例えば推測統計とは，全体を表す母集団から，その一部である標本を取り出し，その標本のデータから母集団の情報を推測することです。このとき，標本は母集団のほんの一部なので，取り出した情報だけでは母集団全体の情報は分かりません。しかし，ある程度の精度で推定することはでき，母集団の分布を仮定し，「95％信頼区間」のように母集団の平均などを推定することはできます。

　こうして，機械学習では与えられたデータからできるだけ高い精度で予測したり分類したりできるのです。このため，現代の機械学習は「統計的機械学習」と呼ばれることもあります。少しだけ説明すると，機械学習に使うデータは訓練データとテストデータに分けられます。実際には，与えられたデータを訓練データとテストデータに分けて，図2のように入れ替えながら精度を評価します。この方法は「交差検証」と呼ばれ，標本から母集団を推定することに似ています。

データをいくつかに分ける（今回は4個）

1回目	訓練データ	訓練データ	訓練データ	テストデータ → 評価
2回目	訓練データ	訓練データ	テストデータ	訓練データ → 評価
3回目	訓練データ	テストデータ	訓練データ	訓練データ → 評価
4回目	テストデータ	訓練データ	訓練データ	訓練データ → 評価

図2　交差検証

機械学習と一般的なプログラムとの違いは？

統計を使った分析や機械学習での予測と，一般的なソフトウエア開発を比較してみましょう。

一般的なソフトウエアとして業務システムを想定した場合，システムは仕様として定められた通りにソースコードを記述しています。誰が操作しても，ソースコードに書かれている通りに動作し，同じ操作をすれば同じ結果が得られます。一方で，統計を使って分析や機械学習で予測する場合，与えられたデータの内容や順番，パラメーターなどによって結果は変わりますし，乱数を使うことで全く異なる結果になることもあります（図参照）。

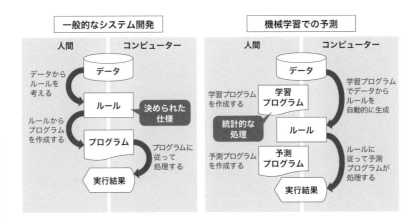

一般的なソフトウエアでは，処理が正常に行われれば結果は正しいものだと判断できますが，統計や機械学習の場合には，処理が正常に行われても，その結果が正しいとは限らないのです。誤ったデータが大量に与えられれば誤った結果が得られますし，それが誤っていると判断するのも難しいのです。内容が正しく，あらゆるパターンがバランスよくそろったデータで学習すれば，機械学習の精度は高くなりますが，現実的にはそんなデータはほとんどありません。

研究段階ではきれいなデータで良い結果が出ることを確認することは必要ですが，実務の現場においては，理想とはほど遠いデータが当たり前です。ノイズも多く，データのバランスが悪い中で，それなりの精度が得られるような工夫が求められるのです。

　つまり，理論上は問題なくても実際には使えない，という状況が発生します。こう考えると理想的な環境での理論を学ぶことは効果的でないように思えるかもしれませんが，ここで重要なのは1つの理論ではうまくいかなくても，他と組み合わせるとうまくいく場合がある，ということです。

　ある技術を使って良い結果が得られなくても，他の技術を適用することで，良い結果につながるかもしれません。そして，これを実現するためには，ある程度幅広い視点で，様々な技術を体系立てて学んでおく必要があるのです。

　ここで大事なのは，結果を見たときに「おかしい」と気づくことです。一般的なソフトウエア開発であれば，エラーが出れば入力したデータがおかしいと判断できますが，統計や機械学習では明確にエラーだと判断できない場合があります。エラーが出なくても，データを眺めているときに，不具合がある，どこかがおかしいと気づけるかどうかが求められます。

理論を知る理由

　機械学習を学ぶ場合，現在は便利なツールがたくさん登場しています。プログラミング言語のライブラリが充実しているだけでなく，オンラインで利用できる実行環境がセットになっていて，Webブラウザーさえあれば，ソースコードを書かなくても簡単に試せることも少なくありません。

　しかし，これらのライブラリやツールを使っていると，得られた結果の精度が低かったり，処理に膨大な時間がかかったりする場合でも，それがデータによる問題なのか，アルゴリズムの問題なのか，結果の読み取り方に問題があるのかが分かりません。

　さらに，機械学習などの分野は活発に研究が進められていますので，次々に新しい論文が発表されています。こうした論文を読むには数学の知識が必要です。機械学習の論文の場合は，パラメーターなども公開されていることが多く，その内容の通りに実装すれば手元のコンピューターで試せることも少なくありません。

　この場合も，便利なライブラリを使っているだけでは最新の内容を反映できず，自分でソースコードを書くことが求められるのです。

　つまり，最新を含めた機械学習について実際に試しフィードバックを得て，その理論を理解するためには，数学や統計学，プログラミング言語などについての知識が求められるのです。

第3章

ジャンル③

アルゴリズム・プログラミングに
必要な数学リテラシー

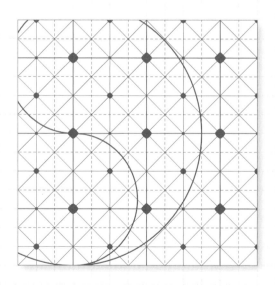

データサイエンス
数学ストラテジスト | 中級

INTRODUCTION イントロダクション

アルゴリズム・プログラミングに必要な数学リテラシー（ジャンル③）はなぜ必要か？

　データを活用し，AIと一緒に仕事をするには，ジャンル②（機械学習・深層学習分野）に加えて，基本的なアルゴリズム，プログラミング・ITに関わるリテラシーなども知っておく必要があります。

　本ジャンルでは，アルゴリズム知識，特定のプログラミング言語に依存しないプログラミング的（手続き型）思考，情報理論，さらに広く数学的課題解決についても取り扱います。

　アルゴリズム分野では，データを昇順（降順）に一定の規則に従って整列させるソートアルゴリズム，複数のデータの中から条件に一致した値を見つけ出す探索アルゴリズム，暗号化のためのアルゴリズム，またその計算にどの程度かかるかの計算量理論を取り扱います。

　プログラミング的思考では，特定のプログラミング言語に依存しない手続き型思考に加えて，昨今のIT・AI技術につながる情報理論についても取り扱います。

　数学的課題解決では，論理的思考と数学的発想を用いて，与えられた課題から一定のパターン等の規則性や，裏付けされた法則性を発見しながら，一貫性を持って解決に導く問題を多数取り扱います。

※上記は，あくまで中・上級資格全般を示しており，本書の問題は，その一部を取り上げています。

以下の学習分野かつ中学校数学＋数学Ⅰ・A範囲での数学リテラシー

- アルゴリズム…………データサイエンス戦略・施策に必要なアルゴリズムの基礎
 ソートアルゴリズム，探索アルゴリズム，暗号アルゴリズム，
 計算量理論など
- プログラミング的思考…特定のプログラミング言語に依存しない手続き型思考
 フローチャート，情報理論，情報量（ビット）の扱い，デー
 タ誤りの訂正，圧縮効率，逆ポーランド記法など
- 数学的課題解決………論理的思考と数学的発想を用いて数学的課題を解決に導く
 課題を読み取り，規則性・法則性を発見しながら解
 答まで一貫性を持って導く，ナップザック問題など

＜**中級 出題範囲**＞の学習分野に加え，数学Ⅱ・B以上の数学も用いた数学リテラシー
＜**中級 出題範囲**＞記載のアルゴリズム，プログラミング的思考，数学的課題解決
の範囲での，より実践的または複雑な理論

問題
41

決定木を使って，トランプを分類してみよう！

ジョーカー**2**枚を含むトランプのカード**54**枚について，図の決定木にしたがって分類します。この時，葉**C**に分類される枚数は全部でいくつになりますか。

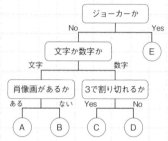

(1) 3枚　　　(2) 6枚　　　(3) 9枚　　　(4) 12枚　　　(5) 16枚

考え方　一番上から順に，決定木に従い判定していけば，おのずと解答を導くことができます。「A」も文字であることに注意！

問題41の正解　　(4)

解説

ジョーカー2枚を含むトランプ54枚を決定木にしたがって振り分けると，最初の条件でジョーカー2枚がEに振り分けられます。残った52枚について，文字か数字かで判定すると，文字である「A, J, Q, K」16枚と数字である「2〜10」36枚に振り分けられます。

数字の「2〜10」の36枚のうち，3で割り切れるのは「3」「6」「9」で，これは12枚あるため，正解は(4)になります。

スマートフォンのロックを解除する一筆書きは何パターンあるか?

スマートフォンの画面ロックを解除するとき,図のような9つの点から4点以上を選び,一筆書きでつなぐ方法が使われることがあります。

本問では,1回の一筆書きで,上下左右に隣り合う点を「4点のみ」選んで結ぶこととします。同じ点を2度通らないとき,そのパターン数は何通りになりますか。なお,結んだ形が同じでも,開始点が異なれば別々のものとしてカウントします。

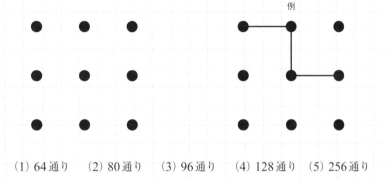

例

(1) 64通り　　(2) 80通り　　(3) 96通り　　(4) 128通り　　(5) 256通り

 考え方　まず,左上の角を開始点として,4点を選ぶ一筆書きが何通りあるかを探し,他の角についても考えてみましょう。その他,角ではない点から開始した場合も同じように考えていきます。

問題42の正解　　(2)

解説

左上の角からスタートする場合を考えると8通り→4つの角とも同様のため,8 × 4 = 32通り。また,上辺の中央からスタートする場合を考えると10通り→4辺の中央とも同様のため,10 × 4 = 40通り。さらに,中央からスタートする場合は8通り。これを合計すると,32 + 40 + 8 = 80通りになります。

問題
43

すべての作業が完了するために最低限必要な日数は？

ある製品を作成するのに必要な作業の順番と作業にかかる日数が，図のように与えられました（矢印の数字は日数）。前工程の作業がすべて終了しないと，次の作業を始められないとき，すべての作業が完了するまでに最低限必要な日数はどれですか。

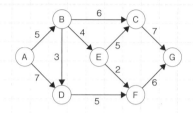

(1) 17日　　　(2) 18日　　　(3) 19日　　　(4) 20日　　　(5) 21日

考え方　それぞれの作業が始められる時期（開始日）を調べると，例えば，作業Dは「A→D」のときは作業Aの7日後ですが，「A→B→D」のときは8日後となるため，作業Dの開始日は，最短でも8日後と考えられます。

問題43の正解　　(5)

解説

作業Dの前工程の作業がすべて終了するのは8日後であり，作業Dの開始日は8日後となります。他の作業も同様に開始日を考えると，次の表のようになります。

作業	A	B	C	D	E	F	G
開始日	0	5	14	8	9	13	21

つまり，すべての作業が完了するまでに最低限必要な日数は21日となります。

データ分析の前にデータの質を高めよう！

対象データに欠損値がある場合，データの質を高めるために，データ分析の前処理を行う場合があります。

以下のデータが与えられ，前処理として，欠損値（**N/A**）を各教科の（欠損値を除いた）平均点で埋めることにしました。前処理後のデータで，**A ～ E** 各個人の4教科の平均点を算出したとき，平均点が一番高くなるのは誰ですか。

(点)

名前＼教科	国語	算数	理科	社会
A	60	75	65	N/A
B	70	70	N/A	70
C	90	N/A	75	60
D	80	90	60	70
E	N/A	85	80	80

(1) A   (2) B   (3) C   (4) D   (5) E

考え方 まず，実際に問題文の前処理を行い，欠損値（N/A）に値を埋めてみましょう。

問題44の正解   (5)

解説

（欠損値を除いた）各教科の平均点は，国語 = 75点，算数 = 80点，理科 = 70点，社会 = 70点なので，それぞれの欠損値（N/A）に入力して，各個人の平均点を計算します。

$A : \dfrac{60+75+65+70}{4} = 67.5$点

$B : \dfrac{70+70+70+70}{4} = 70$点

$C : \dfrac{90+80+75+60}{4} = 76.25$点

$D : \dfrac{80+90+60+70}{4} = 75$点

$E : \dfrac{75+85+80+80}{4} = 80$点

以上より，平均点が一番高いのはEになります。

問題
45

ステップ数2^nのアルゴリズムの処理時間は？

入力データ数nに対し，処理ステップ数（プログラムの行数）が2^nとなる
アルゴリズムZがあります。アルゴリズムZに$n=100$のデータを与え，
1ステップの処理時間が10^{-9}秒のコンピュータで処理するとき，処理にか
かる時間を次から選びなさい。ただし，1年＝365日とします。

(1) 約40000世紀　　　(2) 約4×10^6世紀　　　(3) 約4×10^8世紀

(4) 約4×10^{10}世紀　　　(5) 約4×10^{11}世紀

 考え方　まず，求める処理時間の秒数を計算します。次に，その値を世紀に換算します。

| 問題45の正解 | (5) |

解説

以下のように，求める処理時間の秒数を計算し，その値を世紀に換算します。

［求める処理時間（秒）］＝ $2^{100} \times 10^{-9} = 1.2676 \times 10^{21}$ 秒

［1世紀（秒）］の計算は以下の通りです。

　1日＝3600秒／時間×24時間＝86400秒

　1年＝86400秒／日×365日＝31536000秒＝3.1536×10^7秒

　1世紀＝3.1536×10^7秒／年×100年＝3.1536×10^9秒

よって，［求める処理時間（秒）］÷［1世紀（秒）］

　＝(1.2676×10^{21}) 秒÷(3.1536×10^9) 秒

　≒4×10^{11}世紀

アナログ時計が200時間後に指している時刻は？

壁にかかっているアナログ時計を見るとちょうど**11時**を指していました。**200時間後**に指している時刻は次のうちどれでしょうか？

(1) 5時　　　(2) 6時　　　(3) 7時　　　(4) 8時　　　(5) 9時

■ **考え方**　アナログ時計が12時間で一回りすることを考えれば，おのずと解答を導くことができます。

問題46の正解　　(3)

解説

アナログ時計でちょうど（0分）の場合，0時（12時），1時，2時，…，11時の12通りが考えられるので，12で割ったあまりで判断できます。例えば，本問のケースでは，1時間後は0時，2時間後は1時，…12時間後は11時，13時間後は0時となり，n時間後に時計が指している時刻は，$n-1$を12で割ったあまりで求められます。よって，200時間後の場合，$(200-1) \div 12 = 16$あまり7と計算できるため，正解は7時となります。

問題
47

シーザー暗号を解読せよ！

アルファベットが**A**から**Z**まで順番に並んでいるという特徴を使って，**3**文字ずらして「**A**」は「**D**」に，「**B**」は「**E**」に変換して暗号化する方法として「シーザー暗号」が知られています。例えば，「**Data Scientist**」は「**Gdwd Vflhqwlvw**」と暗号化できます。

次の暗号文を元に戻したものはどれですか。

「**Pdwk Whvw**」

(1)「Make Test」　　(2)「Make Text」　　(3)「Math Talk」

(4)「Math Test」　　(5)「Math Text」

考え方　シーザー暗号のルールに従い，1文字ずつ文字をずらしてみましょう。

問題47の正解	(4)

解説

それぞれの文字を3文字逆方向にずらすと，次のようになります。

P　→　M

d　→　a

w　→　t

k　→　h

W　→　T

h　→　e

v　→　s

w　→　t

論文の良し悪しを決める論文のスコアを求めよう！

論文**A**が論文**B**を引用していることを，**A→B**と表現することにします。多くの論文から引用されている，またはスコア（点数）の高い論文から引用されていると良い論文と評価するため，論文**A〜I**の各スコアの初期値を「**1**」とし，論文のスコアを加算していくこととします。例えば，下の図のような関係になっているとき，論文**C**のスコアは，**C**の初期値（**1**）＋**B**のスコア（**1**）＝**2**と計算できます。では，論文**I**のスコアはいくつになりますか。

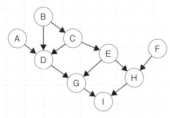

(1) 10 　　　 (2) 12 　　　 (3) 14 　　　 (4) 15 　　　 (5) 16

考え方 例えば，論文Dのスコアは，

Dの初期値 (1) ＋ A→D (1) ＋ B→D (1) ＋ B→C→D (2) ＝ 5

と計算できます。

問題48の正解 　(4)

解説

論文A〜Iの各スコアは，以下のように計算できます。

論文	A	B	C	D	E	F	G	H	I
スコア	1	1	2	5	3	1	9	5	15

よって，論文Iのスコアは15になります。

問題
49

光ファイバーの敷設費用を最小にする結び方は？

ある学園都市では，右の図のようなA，B，C，D，Eの5つの研究機関を光ファイバーで接続することを計画しています。図の数字は光ファイバーの敷設費用（単位：千万円）であり，AB間を接続すると5,000万円かかることを表します。5つの研究機関を，敷設費用の合計が最小となるように結ぶとき，敷設費用の合計はいくらになりますか。

（単位：千万円）

(1) 9千万円　　　(2) 11千万円　　　(3) 12千万円

(4) 13千万円　　　(5) 14千万円

■ **考え方**　コストが小さい辺を（連携を保ったまま）地道に選択していきます。

問題49の正解 | (3)

解説

敷設費用の合計が最小となるように接続する区間を太線で示します。

図より，5 + 3 + 2 + 2 = 12千万円と計算できます。

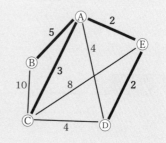

問題
50

圧縮効率がもっとも高いモノクロ画像データはどれか？

FAXなどではモノクロ画像を圧縮して送信しています。本問では，連続する何個かのデータを連続する白のマスと黒のマスの個数の数値に変換することで，情報を圧縮する仕組みを考えます。

(例)

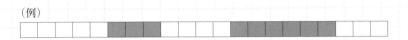

例えば，(例)のデータ（21ビット）を送る場合，白：5個，黒：3個，白：4個，黒：6個，白：3個と続くので「5 3 4 6 3」と表現し，その1つの数値を4ビットとすると，5つの数値×4ビット＝20ビットと計算できます。元々の21ビットのデータから1ビット圧縮できたといえます。選択肢のデータ（19ビット）も同様の考えで計算したとき，圧縮効率がもっとも高いデータはどれになりますか。

(1)

(2)

(3)

(4)

(5)

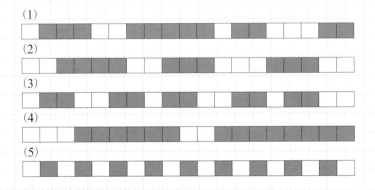

考え方 今回はどの数値も4ビットで表現するため，数値の数が少なくなる方が，圧縮効率が高いといえます。

解説

それぞれ，以下のように圧縮できます。

(1)「1 3 2 5 1 2 3 2」

(2)「2 4 2 3 3 3 2」

(3)「1 2 2 2 1 2 2 2 1 2 2」

(4)「3 6 2 8」

(5)「1 1 1 1 1 1 1 1 1 1 1 1 1 1 1 1 1 1 1 1」

今回はどの数値も4ビットで表現するため，数値の並びが少ない（短い）(4)がもっとも圧縮効率が高いといえます。

ニューラルネットワークを学ぶ理由

「ニューラルネットワーク」は1960年頃から研究されている歴史のある手法です。脳の神経細胞を模した考え方で，図1で示すように「○」がつながったネットワーク構造で，「○」がニューロンを示しています。それぞれのニューロンは与えられた入力に対し，決められた計算を行った結果を出力します。

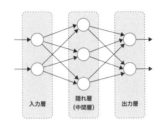

図1　ニューラルネットワーク

ニューロンへの入力を「信号」といい，その信号に対して入力の重要度を意味する重みを設定します。そして，入力と重みから計算された値がある限界値を超えた場合に「1」を，超えなかった場合に「0」を出力することを考えます。この限界値をしきい値といい，「θ」という記号をよく使います。例えば，図2のような2つの入力 x_1, x_2 に対して1つの出力 y を計算することを考えます。それぞれの入力に対する重みが w_1, w_2 で与えられるとき，出力される値を次のように計算できます。

$$y = \begin{cases} 0, & w_1 x_1 + w_2 x_2 \leqq \theta \\ 1, & w_1 x_1 + w_2 x_2 > \theta \end{cases}$$

図2　パーセプトロン

このように複数の入力を受け取って1つの出力を計算するだけの単純なものをパーセプトロンといいます。最初は重みをランダムに設定し，設定した重みに対して訓練データでどのような値が出力されるのかを確認します。そして，出力された値と教師データを見比べて，教師データに近づくように重みを調整するのです。これを様々な訓練データに対して計算することが機械学習での「学

習」に該当します（図3）。

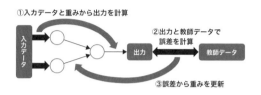

図3　学習の流れ

　この学習のあとで，実際のテストデータに対して予測を行い，その正解率などを評価します。このような単純なパーセプトロンだけでなく，図1のような隠れ層のあるニューラルネットワークを考えた場合も，誤差逆伝播法（バックプロパゲーション）と呼ばれるアルゴリズムを使って，教師データとの誤差を使って重みを自動的に更新できるのです。ここで，入力と重みから出力を計算するとき，ニューロンの数が増えると膨大な計算が必要になります。ここで，ベクトルや行列が使われます。例えば，図4のようなニューラルネットワークの計算は，次のようなベクトルと行列の掛け算によって計算できるのです。

$$x = \begin{pmatrix} x_1 \\ x_2 \\ x_3 \end{pmatrix}, \ W = \begin{pmatrix} w_{11} & w_{12} & w_{13} \\ w_{21} & w_{22} & w_{23} \end{pmatrix}, \ y = \begin{pmatrix} y_1 \\ y_2 \end{pmatrix} \text{ のとき } y = Wx$$

このように，ベクトルや行列を使うことでシンプルな式で表現できます。

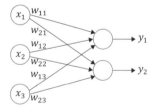

図4　ベクトルと行列による計算

　また，誤差逆伝播法にて重みを更新する式を考えると，偏微分についての知識が必須です。正解率などを考えるときには，統計学についての考え方も必要になります。

　ニューラルネットワークがどのように学習しているのか，その仕組みを理解するには，確率統計や線形代数，微分積分など数学の幅広い知識が必要になるのです。

深層学習 (ディープラーニング) を学ぶ理由

　最近は囲碁や将棋などでコンピューターが人間に勝つのが当たり前のように言われていますが，2010年以前の段階では，それが実現するのはまだまだ先のことだと考えられていました。この10年ほどの間に人工知能の研究が大きく進んだのです。現在は第3次人工知能ブームと呼ばれていますが，その中心にあるのが「深層学習 (ディープラーニング)」です。

　深層学習の基本的な考え方は，ニューラルネットワークと同じです。ただし，「ディープ」という名前の通り，ニューラルネットワークの階層を深くしたことが特徴です (図1)。

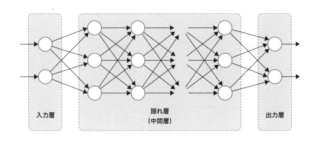

入力層　　　　　　　　隠れ層　　　　　　　　出力層
　　　　　　　　　　 (中間層)

図1　ディープラーニング

　階層を深くするとそれだけ計算する量が増加します。当然，学習に必要なデータの量も必要になります。深層学習の背景にあるのは，コンピューターの進化によって膨大な計算が可能になったことと，クラウドの登場などで安価にコンピューティングリソースを調達できるようになったことです。データの量の面でも，IoTなどのセンサーの登場や，SNSやブログなどの普及によって，分析に使えるデータが増えたことも研究が進んだ理由として挙げられます。

　さらに，活性化関数の工夫も挙げられます。活性化関数は，ニューラルネットワークで計算される出力に対して適用される関数のことです (図2)。入力と重みとの掛け算と合計を求めるだけでは単純な計算しかできませんが，活性化関数を使うことで，複雑な計算が可能になるのです。

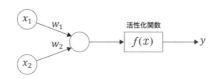

図2　活性化関数

　これまでは図3の左にあるようなステップ関数やシグモイド関数が多く使われていました。しかし、ディープラーニングでは、図3の右にあるようなReLU関数（ランプ関数）や、それを改良した関数が使われることが増えています。ReLU関数では傾きが1となる関数を使うことで、誤差逆伝播法において誤差が伝播しにくい勾配消失問題などの問題を改善できるのです。

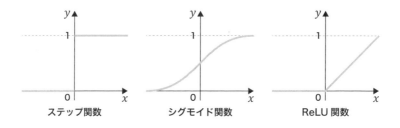

ステップ関数　　　　　**シグモイド関数**　　　　　**ReLU 関数**

図3　活性化関数の例

　これまでも画像処理などに使われる畳み込みの考え方を使ったCNN（畳み込みニューラルネットワーク）、時系列データを扱うRNN（再帰型ニューラルネットワーク）などがありましたが、これらも階層を深くし、活性化関数の工夫などにより高い精度が得られることがわかってきたのです。

　現在も、新しい手法が次々と開発されていますが、その基本にあるのがニューラルネットワークやディープラーニングです。その考え方を知っておきましょう。

クラスタリングが必要な理由

　機械学習の「教師なし学習」に該当する手法として，「クラスタリング」があります。これはデータをグループに分ける手法です。

　身近な例として，写真アプリでの「人物ごとの顔の分類機能」があります。最近はスマートフォンの写真アプリでも，撮影された写真から，そこに写っている人物の顔で自動的に分類してくれます。例えば，iOSの写真アプリには「ピープル」という機能があります。このとき，写真アプリはそれが「誰」なのかは理解していません。あくまでも「同じ顔」の人を集めているだけです。

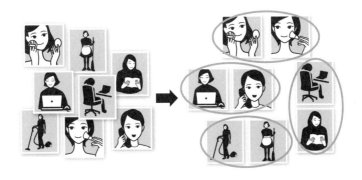

　このように，データをたくさん入れるだけで，それぞれのデータの類似度にもとづいてグループを分けることができるのです。これが「クラスタリング」の特徴です。一般的に何かを分類する場合，それぞれのデータがどのグループに属するのかを示す正解を用意する必要がありますが，クラスタリングではその必要がありません。データの準備が容易になります。

　クラスタリングの応用として，たくさんの購買履歴のデータをクラスタリングすることで商品の売れ行きを予測したり，営業担当者の成績をクラスタリングすることで成績の良い営業担当者が行っている施策から共通点を見つけたりすることが考えられます。

第**4**章

ジャンル④

ビジネスにおいて
数学技能を活用する能力

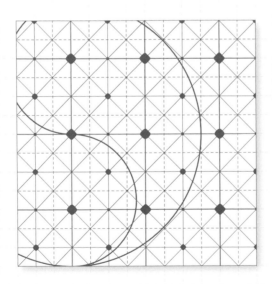

データサイエンス
数学ストラテジスト｜**中級**

INTRODUCTION イントロダクション

ビジネススキル（ジャンル④）はなぜ必要か？

　データ分析した結果をどのように活用していくのか，企業の課題や最新のビジネストレンドを把握しておくことで，ビジネス課題解決やビジネス機会を広げていくことができます。

　そこで，当協会で開発したビジネス数学検定のコンテンツをベースに，

「把握力」，「分析力」，「選択力」，「予測力」，「表現力」

の5つの基本的なビジネス数学力を学びます。

　さらに，
・最新ビジネストレンド知識（SNS・デジタルマーケティング，KPI　など）
・金融，経営学，マーケティング，経済学，行動経済学の基礎知識　など

を加えて，多様なビジネス課題を解決し，新たなビジネスチャンス創出へ結びつけるスキルを養います。

中級　出題範囲

- ●ビジネス数学検定3級～2級^(※)　レベル

　　　　＋

- ●最新ビジネストレンド知識（SNS・デジタルマーケティング，KPI　など）
- ●金融，経営学，マーケティング，経済学，行動経済学の基礎知識　など

上級　出題範囲

- ●ビジネス数学検定2級～1級^(※)　レベル

　　　　＋

- ●最新ビジネストレンド知識（SNS・デジタルマーケティング，KPI　など）
- ●金融，経営学，マーケティング，経済学，行動経済学の基礎知識　など

（※）参考

『＜実践＞ビジネス数学検定3級』（日経BP、2017年）

『＜実践＞ビジネス数学検定2級』（日経BP、2017年）

『ビジネスで使いこなす「定量・定性分析」大全』（日本実業出版社、2019年）

問題
51

グラフの適切な使い方を確認しよう！
下の4つ（**ア**〜**エ**）のグラフによる図示のうち，グラフを適切に使っている
と考えられるものの個数を次から選びなさい。

ア 商品Aと商品Bの売上高の
大きさを比較するのに折れ
線グラフで表した。

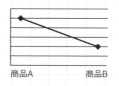

イ 店舗Aの商品別売上シェア
を表すために円グラフで
表した。

ウ 商品Cの月次売上高の変化や
推移を表すために棒グラフ
で表した。

エ 店舗Bの商品別売上シェア
を報告書に載せるために
立体円グラフで表した。

(1) 0個　　　(2) 1個　　　(3) 2個　　　(4) 3個　　　(5) 4個

考え方 折れ線グラフ，棒グラフ，円グラフ，立体円グラフの特徴や使うメリットをき
ちんと押さえましょう。

解説

ア…売上高の大きさを比較するので，折れ線グラフではなく，棒グラフを使うべきでしょう。

イ…売上シェアは全体の構成比（内訳）を表しているので，円グラフを使うのが適切です。　　　　☜適切

ウ…売上高の変化や推移を表すので，棒グラフではなく，折れ線グラフを使うのが適切です。

エ…売上シェアの割合の大きさを正しく表すには，立体円グラフではなく，円グラフを使うのが適切でしょう。

 ワンポイント

よく用いるグラフの特徴をまとめてみましょう。

◎折れ線グラフ……量の変化や推移を表す。

◎棒グラフ…………棒の高さで，量の大小を比較する。

◎円グラフ…………全体の中での構成比（内訳）を表す。

◎立体円グラフ……円グラフに比べてインパクトがありますが，円グラフと異なり配置の仕方や傾き方によって見え方が異なってしまうので，割合の大きさが正しく表されない欠点があります。そこで，立体円グラフを使用するときは要注意です。

その他，よく用いるグラフとして，

◎帯グラフ…………構成比（内訳）の推移や比較を行います。

◎ヒストグラム……横軸にはデータの階級，縦軸にはその階級に含まれるデータの個数（度数）をとった棒グラフで表し，データの散らばりをみます。

◎散布図……………縦軸と横軸に別の量のデータの値をプロットし，2種類のデータの関係（相関）をみます。

◎レーダーチャート…5教科のテストの成績など複数の指標をまとめてみるのに適したグラフです。

問題
52

客単価の最も高い店舗はどれ？

回転ずしチェーンKの5店舗A，B，C，D，Eのある期間の来店客数と売上高を右表に示します。

5つの店舗のうち，客単価が最も高い店舗を次から選びなさい。

店舗名	来店客数（人）	売上高（円）
A	326	334,000
B	283	312,000
C	412	522,000
D	356	378,000
E	206	285,000

(1) A店舗　　　(2) B店舗　　　(3) C店舗

(4) D店舗　　　(5) E店舗

■考え方　客単価とは，消費者1人当たりが一度の購入時に支払う平均額で
客単価＝売上高（円）÷客数（人）…①　で求めます。

問題52の正解　　(5)

　解説

A店舗…334,000円 ÷ 326人 = 1,025円／人

B店舗…312,000 ÷ 283 = 1,102円／人

C店舗…522,000 ÷ 412 = 1,267円／人

D店舗…378,000 ÷ 356 = 1,062円／人

E店舗…285,000 ÷ 206 = 1,383円／人　　　☜客単価が最も高い

✓ ワンポイント

非常にシンプルな式ですが，客単価を求める式①から，

売上高（円）＝　客単価（円／人）　×　客数（人）…②

客数（人）＝　売上高（円）÷客単価（円／人）　　…③

と変形して用いることができます。

②式から，売上高を増やすには，客単価をアップするか，客数を増やすかという見方ができるようになります。

| 問題 53 | PLC（プロダクトライフサイクル）の曲線とは？ |

PLC（プロダクトライフサイクル）とは，製品の一生の時間を①導入期，②成長期，③成熟期，④衰退期で分けたときの製品の販売量（売上）の推移をグラフに表したものです。一般的なPLCのグラフを次から選びなさい。

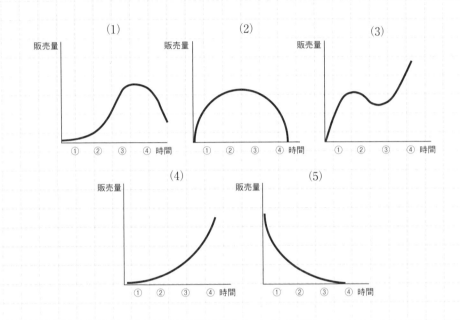

（1）　　　　　　　　　　（2）　　　　　　　　　　（3）

（4）　　　　　　　　　　（5）

> **考え方** PLC（プロダクトライフサイクル）は，商品やサービスが市場に投入されてから消失するまでのプロセスを表したグラフで，マーケティングにおける非常に基本的な概念です。

問題53の正解　（1）

　解説

PLCは商品やサービスを「導入期」，「成長期」，「成熟期」，「衰退期」の4つの
ステージに分けています。「導入期」，「成長期」，「成熟期」，「衰退期」の用語
からも，「成熟期」に至るまで販売量が増加し，それ以降「衰退期」に向かっ
て販売量が減少していく傾向をもつ曲線と言えば，（1）しかないでしょう。

✅ **ワンポイント**

PLCの各ステージで取るべきマーケティング戦略は異なってきます。

PLCのグラフをステージごとにざっと外観してみましょう。

①導入期…新商品やサービスを市場に導入した直後の時期で，新商品やサービスを
　　　　　どうやって市場に浸透させることができるかがポイントとなります。

②成長期…商品やサービスが一般客層に浸透し始める時期で，競合他社もどん
　　　　　どん現れ始める時期です。製品改良が必要になってきます。

③成熟期…顧客ニーズが頭打ちとなり，市場の拡大がこれ以上見込めなくなっ
　　　　　てきた時期を指します。製品改良以上の差別化要素の開発が必要に
　　　　　なってきます。

④衰退期…その商品やサービス需要が先細って，売り上げや利益が落ち込んで
　　　　　いく時期を指します。大規模リニューアルや撤退も視野に入れた経
　　　　　営判断が必要になってきます。

<table>
<tr><td>問題
54</td><td></td></tr>
</table>

企業統合した2社の売上高は？

ある業界の202X年度の売上高は**1兆9,856億円**で企業別シェアは下の円グラフで表されます。

B社とD社が企業統合した場合，B社とD社それぞれの売上高を足した売上高規模はいくらになるか次から選びなさい。

(1) 5,800億円

(2) 6,800億円

(3) 7,200億円

(4) 8,100億円

(5) 8,800億円

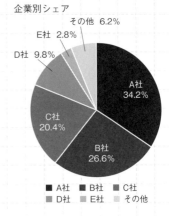

企業別シェア

考え方 B社とD社の企業統合の結果，全シェアの26.6＋9.8＝36.4%　のシェアを占めることになります。

解説

B社とD社が企業統合するので，B社とD社の売上高を足した

　1兆9,856億円 × (26.6 + 9.8) ÷ 100 = 7,228億円

の統合後の売上高規模となります。

選択肢 (3) の7,200億円が正解です。

もちろん，

　1兆9,856億円 × 26.6 ÷ 100 + 1兆9,856億円 × 9.8 ÷ 100

　= 5281.7 + 1945.9 = 7,228億円

と計算してもよいのですが，やや計算が大変になります。

✔ ワンポイント

問題文では企業統合としましたが，いわゆるM&Aである経営統合や合併について概観してみましょう。

◎経営統合…共同で新たに持ち株会社を設立して，それぞれの企業がその傘下に入ることで，「合併」に比べて，企業同士の結びつきが弱いのが一般的です。

◎合併………2つ以上の会社が1つの法人格をもつ企業になることで，このタイプには「吸収合併」と「新設合併」があります。

| 問題 55 | 5つのプロジェクトで期待利益が最も高いのは？ |

大手IT企業Hは、「選択と集中」の経営戦略から、5つのプロジェクトA, B, C, D, Eの中から、実施するプロジェクトの選定を考えております。

プロジェクト毎の成功する確率、成功時に得られる利得と失敗時の損失を下表に示します。

	成功する確率	成功時の利得	失敗時の損失
プロジェクトA	80%	3,600万円	2,300万円
プロジェクトB	65%	4,200万円	3,400万円
プロジェクトC	90%	2,600万円	1,600万円
プロジェクトD	50%	6,300万円	3,700万円
プロジェクトE	77%	4,000万円	2,000万円

経営トップからは期待利益が最も大きなプロジェクトを1つに絞るように指示が出ております。どのプロジェクトを選択すべきか次から選びなさい。

なお、プロジェクトの期待利得は、

期待利得＝成功時の利得×成功確率＋失敗時の損失×失敗する確率

＝成功時の利得×成功確率＋失敗時の損失×（1－成功する確率）

で計算するものとします。

なお、成功時の利得は正（プラス）、失敗時の損失は負（マイナス）です。

(1) プロジェクトA　　　(2) プロジェクトB　　　(3) プロジェクトC

(4) プロジェクトD　　　(5) プロジェクトE

考え方 プロジェクトの期待利益の計算式が、問題文に出ているので数値を代入するだけで求めることができます。成功時の利益は正（プラス）、失敗時の損失は負（マイナス）に注意してください。

解説

(1) プロジェクトA…

期待利益 = $3,600 \times 0.8 - 2,300 \times 0.2 = 2880 - 460 = 2,420$ 万円

(2) プロジェクトB…

期待利益 = $4,200 \times 0.65 - 3,400 \times 0.35 = 2730 - 1190 = 1,540$ 万円

(3) プロジェクトC…

期待利益 = $2,600 \times 0.9 - 1,600 \times 0.1 = 2340 - 160 = 2,180$ 万円

(4) プロジェクトD…

期待利益 = $6,300 \times 0.5 - 3,700 \times 0.5 = 3150 - 1850 = 1,300$ 万円

(5) プロジェクトE…

期待利益 = $4,000 \times 0.77 - 2000 \times 0.23 = 3080 - 460 = 2,620$ 万円 ★

以上より，プロジェクトEは，期待利益が最も多い2,620万円となります。

✓ ワンポイント

本問では，利益の期待値を用いた意思決定の計算例を紹介しました。この期待値が最大になるに選択肢を選べばよいという考え方は，「人間は考える葦である」で有名な「パスカル」によって提唱されました。

ところが，期待値による意思決定は決して万能ではないのです。詳しくは省略しますが，18世紀に「サンクトペテルブルクのパラドックス」で指摘され，期待値の考えによる計算では問題が生じることがわかりました。ですが，効用関数の導入によって，「効用の期待値」，すなわち「期待効用」を用いることでパラドックスの解消を図ることができたのです。

なお，ある物品（財や冨）を購入する場合やある物件に x （>0）だけ投資した場合，その物品から得られる嬉しさや満足の程度）を効用といい，それを数値に置き換えた $U(x)$ を効用関数といいます。

ロングテール現象をグラフで表すと？

ロングテール現象とは主にネットにおける販売においての現象で，売れ筋のメイン商品の売上よりも，あまり売れないニッチな商品群の売上合計が上回る現象のことです。

次の**5**つのグラフの中で，ロングテール現象を表している図を選びなさい。

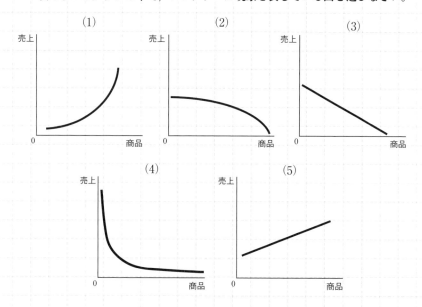

考え方 ロングテールとは，「死に筋」といわれる販売機会の少ない商品を図で表すと恐竜の長い尻尾（ロングテール）のように表されます。

解説

売上の少ない「死に筋」商品は恐竜の尻尾，「売れ筋」商品は恐竜の頭に見えるので，(4) ということになります。

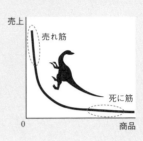

ワンポイント

従来，ある特定分野における商品売上は，上位20%の商品アイテムが全体売上の80%を占めるという，いわゆる80対20の法則（「パレートの法則」ともいいます）といわれてきましたが，いわゆるネット販売では，在庫や物流にかかるコスト負担が少なくなって，「死に筋」商品でも商品アイテムがある程度そろっていれば，人気商品の売上をトータル的に逆転することもあり，これがロングテール現象です。

「Amazon」が成功事例としてロングテール戦略をビジネスモデル化しております。

サイトの平均ページビュー数を比較しよう！

Aさん，Bさん，Cさんの3
人は，Web上のある企業サ
イトを1日間で右表のよう
に閲覧しました。

	セッション数	総ページビュー数
Aさん	4	80
Bさん	8	180
Cさん	5	90

**Aさん，Bさん，Cさんを平均ページビュー数が大きい順に左から並べた
ものを次から選びなさい。**

なお，平均ページビュー数とは1セッション当たり，そのサイトを平均何
ページ見たかを表す指標です。

(1) C，A，B (2) A，B，C (3) A，C，B
(4) B，A，C (5) B，C，A

考え方 問題文にもあるように，平均ページビュー数（平均PV数）とは，1セッション
当たり，そのサイトのコンテンツを平均何ページ見たかを表す指標です。セッ
ション数とはアクセス数や訪問数のことです。

問題57の正解　　(4)

 解説

Aさん　…　平均PV数 = 80 ÷ 4 = 20　　☜2番目
Bさん　…　平均PV数 = 180 ÷ 8 = 22.5　　☜最も大きい
Cさん　…　平均PV数：90 ÷ 5 = 18　　☜最も小さい
よって，B，A，C　です。
順序を逆にしないように注意してください！

✅ ワンポイント

Webサイトを中心に展開されるWeb（SNS）マーケティング，これを代表とするデジタルマーケティングにおける基本指標を理解しましょう！

コンバージョン（CV）率＝コンバージョン数÷セッション数

他に，直帰率，離脱率，新規率，平均滞在時間なども目を通してください。従来のマーケティングにはない新しい特長が見出せます。

<table>
<tr><td>問題
58</td><td>**マトリックス組織のメリットとデメリットは？**
**マトリックス組織について下に5つの説明がありますが，間違った説明を
しているものをひとつ選びなさい。**</td></tr>
</table>

(1) マトリックス組織とは，マトリックス図のように職能別，事業部別，
プロジェクト別，地域別，製品別など複数の軸で構成され，1人の社
員が複数のミッションに取り組む形態の組織のことを指します。

(2) マトリックス組織のメリットとして，たくさんの職能にまたがって業
務を行うため社員の視野が広がり，社員の能力が最大限発揮させる事
につながります。

(3) さらにマトリックス組織のメリットとして，部署などの垣根を超えて，
周りとコミュニケーションを取り調整しながら業務を行うためプロ
ジェクトの全体像も見えるようになり，全員が同じ目標や一体感を持
てるようになります。

(4) マトリックス組織のデメリットとして，指揮命令者が2人いることに
なって，万が一指揮命令の方向性に齟齬があれば，部下にとって仕事
を進めるときの混乱が生じ，ストレスを抱えやすくなります。

(5) 命令系統の一元化を基本原理とし，各社員は特定の1人の上司からだ
け命令を受けるようになっており，命令系統が分かりやすく仕事をス
ムーズに行うことができ，生産性が非常にあがる組織体系です。

考え方 企業経営における組織デザインのひとつ，マトリックス組織に関する出題。数
学の「行列」であるマトリックスのイメージから類推できます。

問題58の正解　（5）

 解説

マトリックス組織は，命令系統の一元化の原則とは異なり，職能別の縦割り組織に横プロジェクト組織という横串を刺したような複数軸の組織体制です。つまり，縦割り組織におけるボスに，プロジェクト別のマネージャーも加わった組織体系です。

組織内のメンバーとしては複数の

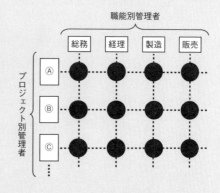

ミッションが加わり，幅広い視野から仕事ができる半面，指揮命令者が複数いるため仕事を進めるときの混乱が生じるというデメリットも考えられます。

✓ ワンポイント

ひとりの社員に対するボスの数から，ワンボス・モデルとツウーボス・モデルがあります。

ワンボス・モデルはピラミッド（階層）組織ですが，ツウーボス・モデルはマトリックス組織になります。

<table>
<tr><td rowspan="2" style="text-align:center">問題
59</td><td>**単位店舗面積あたりの売上高が大きい店は？**</td></tr>
</table>

下の表はある食品スーパーマーケット系列の**A店**，**B店**，**C店**， **D店**，**E店**の売上高，従業員数，店舗面積のデータです。

この**5店**から単位店舗面積あたりの売上高が最も大きい店舗を優良店舗として選ぶとき，どの店舗が対象となるか次から選びなさい。

店舗名	売上高 （百万円）	従業員数 （人）	店舗面積 （㎡）
A店	451	60	1,135
B店	385	45	985
C店	319	38	890
D店	425	47	1,055
E店	400	46	950

(1) A店 　　(2) B店 　　(3) C店 　　(4) D店 　　(5) E店

考え方 単位店舗面積あたりの売上高を5店（A，B，C，D，E店）ごとに求めてください。従業員数は，問題の解答には関係しません。

問題59の正解 | (5)

解説

単位店舗面積あたりの売上高とは，売上高を店舗面積で割った値になります。

A店 ・・・ 451（百万円）÷1135（㎡）＝39.7万円/㎡

B店 ・・・ 385÷985＝39.1万円/㎡

C店 ・・・ 319÷890＝35.8万円/㎡

D店 ・・・ 425÷1055＝40.3万円/㎡

E店 ・・・ 400÷950＝42.1万円/㎡　　👉最も大きい

よって，E店が単位店舗面積あたりの売上高が最も大きい店になります。

ワンポイント

「1平方メートルあたりの売上高」はKPI（重要業績指標）の一つの指標で，店舗が販売スペースを有効に使うことができているかをみることができます。

問題
60

効用関数におけるリスク中立とは？

ある物品（財や富）を x（> 0）だけ購入する場合，その物品から得られる効用（嬉しさや満足の程度）を数値に置き換えた関数 $U(x)$ を効用関数といいます。次の5つの効用関数 $U(x)$ のうち，リスク中立を示す効用関数のグラフを選びなさい。なお，リスク中立とは，リスク愛好やリスク回避ではなく，将来の不確実性に起因するリスクに中立的な選好を意味します。

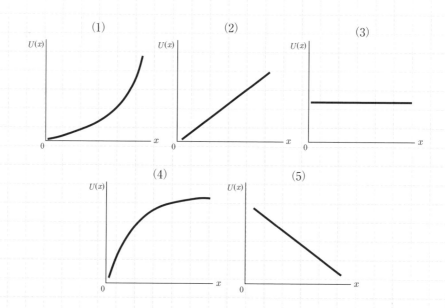

考え方　効用関数のイメージをとらえ，リスク中立が示す効用関数を選んでください。
リスク愛好は (1)，リスク回避は (4) となります。

解説

効用関数 $U(x)$ は一般的に単調増加な連続関数です。リスク中立型（2）を示す効用関数は直線的に増加するグラフとなります。他のリスク愛好型やリスク回避型を含めた効用関数は，下図のようになります。

リスク愛好的な効用関数は，財や富（x）が増加するほど，嬉しさや満足の程度がどんどん増して（ヒートアップ）していき，リスクを好むようなイメージです。

リスク回避的な効用関数は，財や富（x）が増加するほど，嬉しさや満足の程度が頭打ちに（冷静に）なってリスクを避けるイメージです。

リスク中立的な効用関数は，リスク愛好的とリスク回避的パターンの中間です。

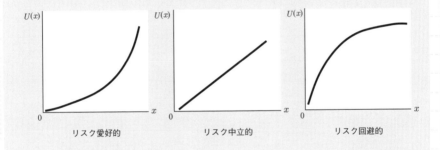

 ワンポイント

購入する財や富が多くなるほど，嬉しさや満足の程度を示す効用の増加分が減少する心理的な法則があって，これを「限界効用逓減の法則」といいます。例えば1万円の臨時収入があったとき，いつも5千円程度しか所持金がない人と，常に10万円ほど所持している人では，嬉しさや満足の感じ方が異なるでしょう。つまり，前者の方が嬉しさや満足の程度が後者に比べて大きいでしょう。

アソシエーション分析での指標とは

　オンラインショッピングをしていると，「この商品を買っている人はこの商品も買っています」という表示が出ることがあります。これは，複数の商品間の売上データなどをもとに，その関連性を分析する「アソシエーション分析」という手法が使われています。同時に購入されやすい（一緒にカゴに入れられる）という意味で，「マーケットバスケット分析」と呼ばれることもあります。

　アソシエーション分析では，データ同士の関係性を比べるために，様々な指標が用いられます。例えば，ある商品Aと商品Bが同時に購入されているかを考えるとき，表に示すような指標があります。これらの指標を使うことで，オンラインショッピングサイトだけでなく，実際の店頭でも商品を近くに並べたり，チラシで案内したり，といった工夫が可能になるのです。なお，これらの指標はいずれか1つだけを使うのではなく，複数の指標を確認して総合的に判断することが必要です。

指標	計算式	内容
支持度	$\dfrac{同時購入者数}{全体の購入者数}$	すべての購入者のうち、商品Aと商品Bを両方とも購入した顧客の割合
信頼度（確信度）	$\dfrac{同時購入者数}{商品Aの購入者数}$	商品Aの購入者のうち、商品Bも購入した顧客の割合
期待信頼度	$\dfrac{商品Bの購入者数}{全体の購入者数}$	すべての購入者のうち、商品Bを購入した顧客の割合
リフト値	$\dfrac{信頼度}{期待信頼度}$	信頼度と期待信頼度の比率で、商品Bが単独で買われるのか、商品Aと一緒に買われるのかを示す

ソートなどのアルゴリズムを学ぶ理由

　プログラミングを学ぶときに教科書などで必ずといっていいほど登場するのが「アルゴリズム」です。アルゴリズムとは，ある処理をする際の処理の順番であり，この巧拙によってプログラムの処理速度が大きく変わってくるのです。

　アルゴリズムの定番として解説されるのがソート（並べ替え）です。ソートとは，次のようなデータが与えられたときに，これを昇順（もしくは降順）に並べ替えることです。例えば，一番小さい数を選んで左端と交換する，次は2番目に小さい数を選んで左から2番目と交換する，という作業を繰り返す方法が考えられます。こうした方法は「選択ソート」と呼ばれます。

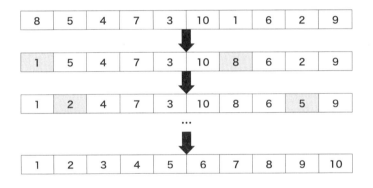

　その他にも，挿入ソート，バブルソート，クイックソート，マージソートなど多くのアルゴリズムがよく知られていて，クイックソートなどを使えば高速に処理できることを学びます。

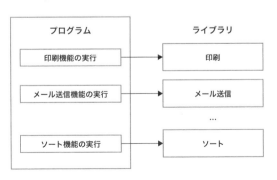

　ただし，ソートなどのアルゴリズムを学んでも，図のように数値データを対象としたソートプログラムをつくることは多くはありません。なぜなら，頻繁に使うプログラムは「ライブラリ」として実装されたものが用意されているので，それを使えばいいからです。ソートの場合，「sort」という処理を呼び出すだけで，高速にソートを実行できるのです。

　ではなぜアルゴリズムを学ぶのでしょうか。しかも，学ぶのは最も高速な手法だけでなく，基本的な手法も学びます。ソートなら「クイックソート」だけでなく「選択ソート」なども学ぶのです。理由は，ライブラリで用意されているのは，対象データが数値などに限られるからです。実際にプログラムを作成する際，並べ替える対象は様々で，ライブラリを使えないが並び替え処理はたくさん登場するのです。例えば，選択ソートと似たような処理を実装している箇所を見つけたとします。ソートのアルゴリズムを知らなければ，おそらく正しく並び替えをすることだけを考えてしまいます。アルゴリズムを知っていれば「クイックソートを使えば高速に処理できる」と気付くことができます。もし処理速度が遅いという問題を抱えていたら，この部分を作り直すだけで問題が解決するかもしれません。

データサイエンス数学ストラテジスト 用語一覧

用語	よみかた	説明
アダムズ方式	あだむずほうしき	衆議院などで議席数を決めるときなどに使われる計算方式。各都道府県の人口を「ある同じ整数」で割ったときに、その答えの合計が全国の議席数と同一になるように、割る値を調整する計算方式（答えが小数になる場合は切り上げ）
アルゴリズム	あるごりずむ	コンピューターに行わせる計算の手順、やり方。同じ結果を出すのであれば、より速く、より効率よく計算できるアルゴリズムが優れているといえる
アンサンブル学習	あんさんぶるがくしゅう	簡単にいえば多数決をとる方法であり、個々に別々の学習器として学習させたものを融合させ、未学習のデータに対しての予測能力を向上させる学習手法
重み	おもみ	情報の重要度や関係性を表す指標。特定の個体ごとに設定する
回帰	かいき	教師あり学習の一つ。連続値を扱い、過去から未来にかけての値やトレンドを予測
回帰直線	かいきちょくせん	データの分布傾向を表す直線
回帰分析	かいきぶんせき	結果となる数値（被説明変数）と要因となる数値（説明変数）の関係を明らかにする統計的手法。説明変数が1つの場合を単回帰分析、複数の場合を重回帰分析という
階層的クラスタ分析	かいそうてきくらすたぶんせき	個体間のユークリッド距離（2点間の直線距離）の近さを類似度の高さとし、類似度の高い順に集めてクラスタ（似ている性質どうしの集まり）を作っていく手法
過学習	かがくしゅう	学習データに対して十分学習されているが、未知のデータに対して適合できていない状態を示す
学習データ	がくしゅうでーた	学習（訓練）するためのデータのこと
確信度	かくしんど	マーケットバスケット分析の一用語。商品A購入者のうち商品Bも同時に購入する顧客の割合。確信度＝同時購入者数÷商品A購入者数 で計算できる
確率統計	かくりつとうけい	確率や確率分布の概念の理解、統計的な見方・考え方に関する能力を伸ばすことを目的とした分野。データの平均値・散らばり具合から、対象データの特徴・傾向を掴み、未来の可能性を推測する
活性化関数	かっせいかかんすう	人工ニューロン（神経細胞）において、出力値を決定する関数
偽陰性（False Negative）	ぎいんせい	真の値がYesのデータを誤ってNoと判別した数。検査の場合は、罹患者を誤って陰性と判別した数
機械学習	きかいがくしゅう	物事の分類や予測を行う規則を自動的に構築する技術
基数	きすう	n進法のnのこと。例として、十進法での基数は10、二進法での基数は2

用語	よみかた	説明
逆ポーランド記法	ぎゃくぽーらんどきほう	演算子（＋×など）を被演算子の後ろに書いていく記法。コンピューターに計算を指示する場合に都合が良い
教師あり学習	きょうしありがくしゅう	機械学習において、学習データに正解を与えた状態で学習させる手法
教師なし学習	きょうしなしがくしゅう	学習データに正解を与えない状態で学習させる手法。入力されたデータを観察し、含まれる構造を分析することを目的とする
偽陽性（False Positive）	ぎようせい	真の値が No のデータを誤って Yes と判別した数。検査の場合は、非罹患者を誤って陽性と判別した数
偶数パリティ	ぐうすうぱりてぃ	データを 2 進数で表現したときに、データ全体で常に 1 の数が偶数になるようにパリティビットを付加する方式。1 の数が奇数ならパリティビット「1」を付加し、偶数ならパリティビット「0」を付加することで、1 箇所だけデータが変わってしまった場合に誤りを検出できる
クラス	くらす	人間が事前に決めておくグループであり、各グループは最初から意味づけされている
クラスタ	くらすた	類似性の高い性質を持つものの集まり。類似しているものを集めた結果としてできるグループであり、各グループの意味は後から解釈する
クラスタリング（クラスタ分析）	くらすたりんぐ	異なる性質のものが混ざり合った集団から、類似性の高い性質を持つものを集め、クラスタを作る手法。意味づけは後から行う。教師なし学習に位置づけられる
クラス分類	くらすぶんるい	様々な対象をある決まったグループ（クラス）に分けること。教師あり学習に位置づけられる
計算量オーダー	けいさんりょうおーだー	入力サイズの増加に対し、無限大など極限に飛ばした際、処理時間がおおよそどの程度のスピードで増加するかを表す指標。アルゴリズムの計算効率や問題の難しさを測る尺度。
桁落ち	けたおち	非常に近い大きさの小数どうしで減算を行った際、有効数字が減ってしまう現象
決定木	けっていぎ	ツリー（樹形図）によってデータを分析する手法。統計や機械学習などさまざまな分野で用いられる
検証データ	けんしょうでーた	学習時には未知のテストデータのこと
勾配降下法	こうばいこうかほう	関数上の点を少しずつ動かして関数の傾き（勾配）が適切になる点を探索する手法。損失関数などで利用される
コサイン類似度	こさいんるいじど	ベクトルどうしの成す角度で類似度を表す指標
混同行列	こんどうぎょうれつ	合格・不合格、Yes・No などの 2 値分類問題において、真の値と予測値の分類を縦横にまとめたマトリックス表
再帰型ニューラルネットワーク	さいきがたにゅーらるねっとわーく	RNN（Recurrent Neural Network）ともいう。ニューラルネットワークを拡張し、ある時間の経過とともに値が変化していくような時系列データを扱えるようにしたもの

用語	よみかた	説明
識別関数	しきべつかんすう	入力値に対し、所属するグループを示す関数
次元削減	じげんさくげん	多次元の情報を意味を保ったまま、より少ない次元に落とし込むこと
主成分分析	しゅせいぶんぶんせき	多変数を少数項目に置き換え、データを解釈しやすくする手法
順伝播型ニューラルネットワーク	じゅんでんぱがたにゅーらるねっとわーく	情報を入力側から出力側に一方向に伝搬させていくニューラルネットワーク
真陰性（True Negative）	しんいんせい	真の値が No のデータを正しく No と判別した数。検査の場合は、非罹患者を正しく陰性と判別した数
人工ニューロン	じんこうにゅーろん	人間の脳神経回路を真似た学習モデル
深層学習	しんそうがくしゅう	ディープラーニングともいう。ニューラルネットワークを多層に結合して表現・学習能力を高めた機械学習の一手法
真陽性（True Positive）	しんようせい	真の値が Yes のデータを正しく Yes と判別した数。検査の場合は、罹患者を正しく陽性と判別した数
ステップ数	すてっぷすう	処理を行っているソースコードの行数のこと。コンピュータープログラムの規模を測る指標の一つで、見積もりや進捗管理などに用いられる
ストライド	すとらいど	フィルタをずらしていく際の移動距離
ゼロパディング	ぜろぱでぃんぐ	ゼロ埋めともいう。書式で指定された桁数に満たない場合に、桁数をそろえるための 0（ゼロ）を付加すること。画像処理の場合は、元の画像の周囲に値が 0 の領域を確保すること
線形代数	せんけいだいすう	代数学の一分野であり、ベクトル、行列を含む。ビッグデータを解析するために、縦横の表形式を分類・整理、低次元に圧縮し、法則性・パターンを導き出す
損失関数	そんしつかんすう	誤差関数ともいう。正解値とモデルにより出力された予測値とのズレの大きさ（損失）を計算するための関数。この損失の値を最小化することで、機械学習モデルを最適化する
畳み込み演算	たたみこみえんざん	主に画像処理などでフィルタをかけて特徴を抽出する演算処理
畳み込みニューラルネットワーク	たたみこみにゅーらるねっとわーく	CNN（Convolutional Neural Network）ともいう。何段もの深い層を持つニューラルネットワークで、特に画像認識の分野で優れた性能を発揮する
チャネル（チャンネル）	ちゃねる	ピクセルにおけるデータサイズを表す。RGB データであれば色を表すチャネル（カラーチャネル）が 3 つあることを示す。グレースケールの場合はチャネル数 1。色以外のデータを表すケースもある

用語	よみかた	説明
TF-IDF	てぃーえふあいでぃーえふ	文書における単語の重要度を測る。TF（Term Frequency）は文書内での単語の出現頻度を、IDF（Inverse Document Frequency）は、文書集合におけるある単語が含まれる文書の割合の逆数、つまり単語のレア度を示す
ディープラーニング	でぃーぷらーにんぐ	深層学習を参照
データマイニング	でーたまいにんぐ	データの中から有益な情報を得る手法であり、人間の意思決定をサポートするもの。データマイニングの手段として、機械学習を取り入れるケースもある
特徴量	とくちょうりょう	対象の特徴を数値化したもの。人間を例にとると、身長や体重、年齢などがこれにあたる
ナップザック問題	なっぷざっくもんだい	ナップザックの中にいくつかの品物を詰め込み、品物の総価値を最大にする種類の問題。ただし、入れた品物のサイズの総和がナップザックの容量を超えてはいけないという条件がある
ニューラルネットワーク	にゅーらるねっとわーく	脳の神経回路の一部を模した数理モデル、または、パーセプトロンを複数組み合わせたものの総称
パーセプトロン	ぱーせぷとろん	人工ニューロンの一種であり、入力値と重みの内積（掛け合わせ）とバイアスの和で計算し、0か1を出力する学習モデルのこと
バイアス	ばいあす	値を偏らせるために全体に同じ値を付加する際に用いる
ハミング符号	はみんぐふごう	通信中に発生したデータの誤りを訂正できる手法
パリティビット	ぱりてぃびっと	通信中にデータの誤りが発生していないかをチェックする手法
微分積分	びぶんせきぶん	解析学の基本的な部分を形成する数学の分野の一つ。局所的な変化を捉える微分と局所的な量の大域的な集積を扱う積分から成る。データ分析の精度を高めるために、関数を用いて、誤差を限りなく小さく抑える
フィルタ	ふぃるた	画像データから特徴量を抽出・計算のためのマトリックス
プログラミング的思考	ぷろぐらみんぐてきしこう	コンピュータープログラミングの概念に基づいた問題解決型の思考
プログラム	ぷろぐらむ	コンピューターに行わせる処理を順序立てて記述したもの
分類	ぶんるい	教師あり学習の一つ。あるデータがどのクラス（グループ）に属するかを予測
平均二乗誤差	へいきんにじょうごさ	MSE（Mean Squared Error）ともいう。各データの予測値と正解値の差（誤差）の二乗の総和を、データ数で割った値（平均値）であり、予測値のズレがどの程度あるかを示すもの
マーケットバスケット分析	まーけっとばすけっとぶんせき	購買データの分析により一緒に購入されやすい商品を明らかにするデータマイニングの代表的な手法

用語	よみかた	説明
ユークリッド距離	ゆーくりっどきょり	（定規で測るような）2点間の直線距離のこと
ランダムフォレスト	らんだむふぉれすと	決定木をたくさん集めたものであり、特徴として、決定木がベースのため分析結果の説明が容易な点や、各決定木の並列処理により高速計算が可能な点などが挙げられる
リフト値	りふとち	マーケットバスケット分析の一用語。ある商品の購買が他の商品の購買とどの程度相関しているかを示す指標。商品Bを購入する割合に対する確信度の割合であり、リフト値＝確信度÷（顧客全員のうち）商品Bを購入する割合 で計算できる
ReLU	れる	Rectified Linear Unit：正規化線形関数、ランプ関数ともいう。入力値が0以下の場合は常に0を、入力値が0より大きい場合は入力値と同じ値を出力。ランプ（ramp）とは、高速道路に入るための上り坂（傾斜路）のこと

参考文献

『＜実践＞ビジネス数学検定3級』（日経BP、2017年）

『＜実践＞ビジネス数学検定2級』（日経BP、2017年）

『ビジネスで使いこなす「定量・定性分析」大全』（日本実業出版社、2019年）

データサイエンス数学ストラテジスト
中級 公式問題集

2021年9月6日　第1版第1刷発行
2023年3月2日　　　　第2刷発行

著　　　者	公益財団法人 日本数学検定協会	
発　行　者	小向 将弘	
発　　　行	株式会社日経BP	
発　　　売	株式会社日経BPマーケティング	
	〒105-8308　東京都港区虎ノ門4-3-12	
装　　　丁	bookwall	
制　　　作	マップス	
編　　　集	松山 貴之	
印刷・製本	図書印刷	

Printed in Japan
ISBN978-4-296-10988-3